高等院校数字艺术设计系列教材

Illustrator CS6

平面设计 应用案例教程（第二版）

曹天佑 陆沁 时延辉 编著

U0317372

清华大学出版社

北京

内容简介

本书以案例作为主线，在具体应用中体现软件的功能和知识点。根据Illustrator的使用习惯，由简到繁精心设计了52个实例，由优秀的图形设计师编写，循序渐进地讲解了使用Illustrator制作和设计专业平面作品所需要的知识。全书共分11章，包括Illustrator CS6软件基础、图形的基本绘制、图形对象的编辑与艺术处理、文字的特效制作与编辑应用、图形的特殊编辑制作、企业形象设计、海报招贴设计、插画设计、广告设计、书籍装帧设计和网页设计等内容。

本书采用案例教程的编写形式，兼具技术手册和应用技巧参考手册的特点，技术实用，讲解清晰，不仅可以作为图形设计初中级读者的学习用书，也可以作为大中专院校相关专业及图形设计培训班的教材。

本书附带1张CD光盘，包含书中所有实例的源文件和素材文件，以方便读者学习。

图书在版编目(CIP)数据

Illustrator CS6平面设计应用案例教程 / 曹天佑，陆沁，时延辉 编著．—2版．—北京：清华大学出版社，2015（2018.9 重印）
(高等院校数字艺术设计系列教材)
ISBN 978-7-302-38246-1

Ⅰ.①I… Ⅱ.①曹… ②陆… ③时… Ⅲ.①平面设计—图形软件—高等学校—教材 Ⅳ.①TP391.412

中国版本图书馆CIP数据核字(2014)第235095号

责任编辑：李 磊
封面设计：王 晨
责任校对：曹 阳
责任印制：沈 露

出版发行：清华大学出版社
      网　　址：http://www.tup.com.cn，http://www.wqbook.com
      地　　址：北京清华大学学研大厦 A 座　　　邮　　编：100084
      社 总 机：010-62770175　　　　　　　　邮　　购：010-62786544
      投稿与读者服务：010-62776969，c-service@tup.tsinghua.edu.cn
      质 量 反 馈：010-62772015，zhiliang@tup.tsinghua.edu.cn
印 装 者：北京亿浓世纪彩色印刷有限公司
经　　销：全国新华书店
开　　本：190mm×260mm　　　印　张：15.5　　　字　数：376千字
      （附 CD 光盘 1 张）
版　　次：2009 年 8 月第 1 版　　2015 年 1 月第 2 版　　印　次：2018 年 9 月第 4 次印刷
定　　价：58.00元

产品编号：057477-01

当今设计界已不再是纸笔的天下，随着计算机的兴起，越来越多的设计从业人员在设计工作中都会将计算机作为首要的辅助工具。对于现代人来说，计算机不但可以辅助我们工作，而且还可以大大提升工作质量和工作进度。Illustrator 软件是一款功能非常强大的矢量图形设计软件，在设计界非常有名气。

市面上的大多数 Illustrator 书籍都会出现理论知识讲解与实践操作不能完全融合的尴尬局面，本书为避免这种局面进行了独特设计，全书按照案例的方式将理论进行合理的穿插，使读者更容易了解软件功能在设计中的运用。通过本书希望能够帮助读者解决学习中的难题，提高技术水平，快速成为平面设计高手。

本书特点

本书内容由浅入深，丰富多彩，力争涵盖 Illustrator CS6 中全部的知识点，以实例的方式对软件中的功能进行详细的讲解，使读者尽快掌握软件的应用。

本书具有以下特点：

◎ 内容全面，几乎涵盖了 Illustrator CS6 中的所有知识点，在设计中涉及的不同类型都有相应的案例作为引导。本书由具有丰富教学经验的设计师编写，从图形设计的一般流程入手，逐步引导读者学习软件和设计的各种技能。

◎ 语言通俗易懂，讲解清晰，前后呼应，以最小的篇幅、最易读懂的语言来讲解每一项功能和每一个实例，让读者学习起来更加轻松，阅读更加容易。

◎ 实例丰富，技巧全面实用，技术含量高，与实践紧密结合。每一个实例都倾注了作者多年的实践经验，每一项功能都已经过技术认证。

◎ 注重理论与实践的结合，在本书中实例的运用都围绕软件的某个重要知识点展开，使读者更容易理解和掌握，方便知识点的记忆，进而能够举一反三。

本书章节安排

本书依次讲解了 Illustrator CS6 软件基础、图形的基本绘制、图形对象的编辑与艺术处理、文字的特效制作与编辑应用、图形的特殊编辑制作、企业形象设计、海报招贴设计、插画设计、广告设计、书籍装帧设计和网页设计等内容。

　　本书作者有着多年丰富的教学经验与实际设计经验，在编写本书时将自己实际授课和设计作品过程中积累下来的宝贵经验与技巧展现给读者，希望读者能够在体会 Illustrator CS6 软件强大功能的同时，将创意和设计理念通过软件操作反映到图形设计制作的视觉效果中来。

本书读者对象和作者

　　本书主要面向初、中级读者，是一本非常适合的入门与提高教材。对于软件的讲解从必备的基础操作开始，以前没有接触过 Illustrator CS6 的读者无需参照其他书籍即可轻松入门，接触过 Illustrator 软件的读者同样可以从中快速了解该软件中的各种功能和知识点，自如地踏上新的台阶。

　　本书主要由曹天佑、陆沁和时延辉编著，参加编写的人员还有王红蕾、戴时影、黄友良、刘冬美、尚彤、孙倩、殷晓峰、刘绍婕、王梓力、潘磊、谷鹏、胡铂、赵顿、张猛、齐新、王海鹏、刘爱华、王君赫、张杰、张凝、周荣、周莉、陆鑫、刘智梅、贾文正、蒋立军、蒋岚、蒋玉、苏丽荣、谭明宇、李岩、吴承国、陶卫锋、孟琦、曹培军等。

　　由于时间仓促，且作者水平有限，书中疏漏和错误之处在所难免，敬请读者批评指正。

编　者

Illustrator CS6 目录

第1章

Illustrator CS6

| Illustrator CS6软件基础

本章主要讲解Illustrator CS6中文件的新建、打开、保存和关闭，以及导入图片、页面设置、查看方式、显示方式等操作，使读者对Illustrator的工作窗口和操作中的一些基础知识有初步的了解，以方便后面的学习。

| 本章重点

- 新建文档
- 打开文件
- 置入素材
- 查看方式
- 位图与矢量图
- 不同模式的显示方式
- 存储、关闭与导出

实例1 新建文档 🔍

实例 目的 📝

本实例的目的是让大家了解在Illustrator CS6中新建文档的方法和过程。

实例 重点 📝

- ✦ 启动Illustrator CS6
- ✦ Illustrator CS6新建对话框
- ✦ 新建文档
- ✦ 从模板新建文档

实例 步骤 📝

从菜单新建文档

SETP 1 单击桌面左下方的"开始"按钮，在弹出的菜单中将鼠标指针移动到"所有程序"选项上，右侧展开下一级子菜单，再将鼠标指针移至Adobe选项上，展开下一级子菜单，最后将鼠标指针移至Adobe Illustrator CS6选项，如图1-1所示。

图1-1 启动菜单

提示

如果在电脑桌面上创建有Illustrator CS6的快捷方式，在 🔳 图标上双击鼠标，也可快速地启动Illustrator CS6。

SETP 2 在Adobe Illustrator CS6选项上单击鼠标左键，即可启动Adobe Illustrator CS6，如图1-2所示，默认系统会打开Adobe Illustrator CS6的软件界面，如图1-3所示。

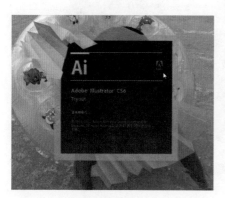

◀ 图1-2 启动界面　　　　　　　　　　　◀ 图1-3 Illustrator CS6软件界面

SETP 3 执行菜单中的"文件/新建"命令，系统会弹出如图1-4所示的"新建文档"对话框。

◀ 图1-4 "新建文档"对话框

SETP 4 设置完毕单击"确定"按钮，系统自动新建一个空白文档，此时的Illustrator CS6工作界面如图1-5所示。

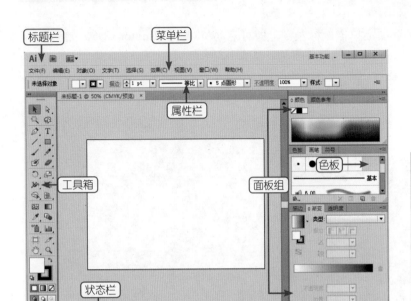

■图1-5 工作界面

技 巧

除了通过执行菜单中的
"文件/新建"命令新
建文件外，还可以按
Ctrl+N键，快速建立一
个新的文件。

提 示

如果在菜单命令的右侧有一个三角符号▶，表示该菜单命令含有下级子菜单，只要将鼠标移到该菜单命令上，即可打开其子菜单；如果在菜单命令的右侧有省略号"…"，则执行此命令后将会弹出与之相关的对话框。

知识 拓展

工作界面组成部分的各项含义如下。

★ 标题栏：位于整个窗口的顶端，显示了当前应用程序的名称、相应功能的快捷图标、相应功能对应工作区的快速设置，以及用于控制文件窗口显示大小的窗口最小化、窗口最大化（还原窗口）、关闭窗口等几个快捷按钮。

★ 菜单栏：Illustrator CS6将所有命令集合分类后，放置在11个菜单中。利用下拉菜单命令可以完成大部分图像编辑处理工作。

★ 属性栏（选项栏）：位于菜单栏的下方，选择不同工具时会显示该工具对应的属性栏（选项栏）。

★ 工具箱：通常位于工作界面的左侧，由20组工具组成。

★ 工作窗口：显示当前打开文件的名称、颜色模式等信息。

★ 状态栏：显示当前文件的显示百分比和一些编辑信息，如文档大小、当前工具等。

★ 面板组：位于界面的右侧，将常用的面板集合到一起。

从模板新建

SETP 1 执行菜单中的"文件/从模板新建"命令，弹出"从模板新建"对话框，如图1-6所示。

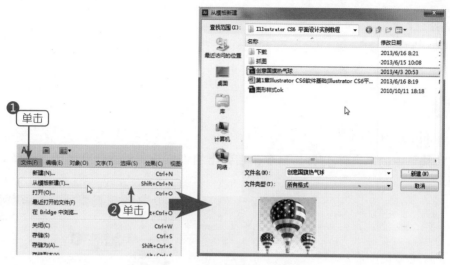

图1-6 "从模板新建"对话框

在该对话框中选择一个AI文件，单击"新建"按钮，如图1-7所示。

图1-7 新建的模板文件

实例2　打开文件

实例　目的

　　以"小鸟.ai"文件为例，讲解菜单中的"文件/打开"命令的使用方法，以及其他打开文件的方法。

实例 重点 ✑

★ 打开"打开"对话框
★ 打开"小鸟.ai"文件

实例 步骤 ✑

SETP 1 ▸ 启动Illustrator CS6软件。

SETP 2 ▸ 执行菜单中的"文件/打开"命令，在弹出的"打开"对话框中选择"小鸟.ai"文件，如图1-8所示。

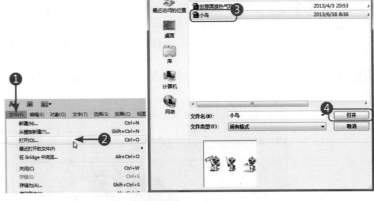

> **技 巧**
>
> 按Ctrl+O键，可以直接弹出"打开"对话框，快速打开文件；在文件名称上双击即可将该文件打开。

■ 图1-8 "打开"对话框

SETP 3 ▸ 单击"打开"按钮，打开"小鸟.ai"文件，如图1-9所示。

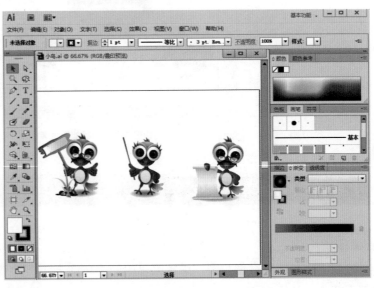

> **技 巧**
>
> 高版本的Illustrator可以打开低版本的AI文件，但低版本的Illustrator不能打开高版本的AI文件。解决的方法是在保存文件时选择相应的低版本即可。

■ 图1-9 打开"小鸟.ai"文件

提　示

安装Illustrator软件后，系统自动识别AI格式的文件，在AI格式的文件上双击鼠标，无论Illustrator软件是否启动，即可用Illustrator软件打开该文件。

实例3　置入素材

实例　目的

在使用Illustrator绘图时，有时需要从外部导入非Illustrator格式的图片文件，下面通过实例讲解导入非Illustrator格式的外部图片的方法。

实例　重点

★　打开"置入"对话框
★　单击"置入"按钮

实例　步骤

SETP 1　执行菜单中的"文件/新建"命令，新建一个空白文档。

SETP 2　执行菜单中的"文件/置入"命令，如图1-10所示。

SETP 3　弹出"置入"对话框，在该对话框的"查找范围"下拉列表中，选择随书附带光盘中的"素材/第1章/学前教育宣传.jpg"，如图1-11所示。

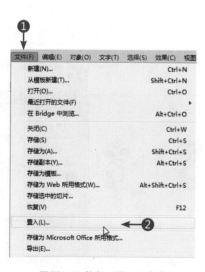

◀ 图1-10 执行"置入"命令

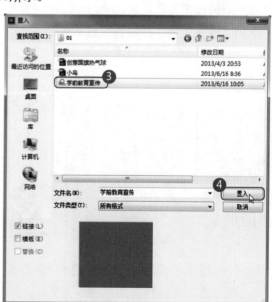

◀ 图1-11 选择置入的图片

SETP 4 单击"置入"按钮，此时图片会被导入到文档中，如图1-12所示。

◀ 图1-12 置入的图片

实例4 查看方式 🔍

实例 目的

在绘制图形时，为了方便调整图形的整体和局部效果，可以按需要缩放和调整视图的显示模式。

实例 重点

- ✦ 使用状态栏中的"缩放级别"放大视图
- ✦ 运用"缩放工具"单击放大
- ✦ 运用"缩放工具"局部放大
- ✦ 运用"缩放工具"显示100%大小
- ✦ 运用"抓手工具"按照界面显示全部
- ✦ "导航器"面板显示图像

实例 步骤

SETP 1 新建一个空白文档。

SETP 2 执行菜单中的"文件/打开"命令，在弹出的"打开"对话框中，选择打开随书附带光盘中的"素材/第1章/小鸟.ai"文件，如图1-13所示。

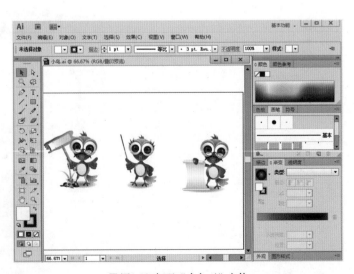

◀ 图1-13 打开"小鸟.ai"文件

SETP 3 在状态栏中单击"缩放级别"右侧的 按钮，在弹出的下拉列表中选择"100%"选项。

SETP 4 按Enter键，图形在页面中将以100%显示，如图1-14所示。

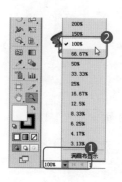

◀ 图1-14 放大100%显示状态

SETP 5 在工具箱中选择 （缩放工具），在文档上单击鼠标，可以将图形放大；框选图形松开鼠标后即可放大图形，如图1-15所示。

单击放大　　　　　　　　　框选　　　　　　　　　框选放大

◀ 图1-15 放大

技 巧

使用 （缩放工具）缩放图形时，按住Alt键单击鼠标可以将图形缩小，如图1-16所示。

◀ 图1-16 缩小

SETP 6 ▶ 在 🔍（缩放工具）图标上双击鼠标，会将文档自动按100%显示，如图1-17所示。

SETP 7 ▶ 在 ✋（抓手工具）图标上双击鼠标，会将文档按当前界面显示全部页面，如图1-18所示。

◀ 图1-17 100%显示

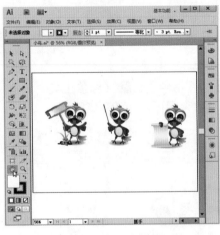

◀ 图1-18 显示全部

SETP 8 ▶ 使用"导航器"面板也可以控制图像的显示比例。拖曳三角形滑块（缩放滑块按钮）可以自由地将图像放大或缩小。在左下角的数值框中输入数值后，按Enter键也可以将图像放大或缩小，单击面板中的 🔺（放大按钮）或 🔺（缩小按钮），可以按一定的比例放大或缩小图像，如图1-19所示。

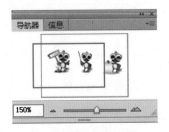

◀ 图1-19 "导航器"面板

实例5　位图与矢量图

实例　目的

在设计之前，需要先对参与设计的图像有一定的了解，本例主要讲解位图与矢量图模式的区别。

实例　重点

✦　位图
✦　矢量图

实例　步骤

SETP 1 新建一个空白文档，置入一幅位图和一幅矢量图。

SETP 2 位图图像也叫做点阵图，是由许多不同色彩的像素组成的。与矢量图形相比，位图图像可以更逼真地表现自然界的景物。位图图像与分辨率有关，当放大位图图像时，位图中的像素增加，图像的线条将会显得参差不齐，这是像素被重新分配到网格中的缘故。此时可以看到构成位图图像的无数个单色块，因此放大位图或在比图像本身的分辨率低的输出设备上显示位图时，将会丢失其中的细节，并呈现出锯齿，如图1-20所示。

放大8倍后
的效果

◄ 图1-20　放大8倍后的效果

SETP 3 矢量图形是使用数学方式描述的曲线，及由曲线围成的色块组成的面向对象的绘图图形。矢量图形中的图形元素叫做对象，每个对象都是独立的，具有各自的属性，如颜色、形状、轮廓、大小和位置等。由于矢量图形与分辨率无关，因此无论如何改变图形的大小，都不会影响图形的清晰度和平滑度，如图1-21所示的图像分别为原图放大3倍和放大24倍后的效果。

注　意

矢量图形进行任意缩放都不会影响分辨率，矢量图形的缺点是不能表现色彩丰富的自然景观与色调丰富的图像。

3:1

24:1

◀图1-21 矢量图放大

实例6 不同模式的显示方式 🔍

实例 目的

Illustrator支持多种显示模式，包括预览模式、轮廓模式、叠印预览模式和像素预览模式4种。学习运用Illustrator支持的显示模式，释放电脑资源，提高Illustrator的运行速度。

实例 重点

✦ 熟悉预览模式的显示状态

✦ 熟悉轮廓模式的显示状态

✦ 熟悉叠印预览模式的显示状态

✦ 熟悉像素预览模式的显示状态

实例 步骤

SETP 1 打开随书附带光盘中的"素材/第1章/创意国旗热气球.ai"文件，如图1-22所示。

◀图1-22 插画图形

SETP 2 执行菜单中的"视图/轮廓"命令，只显示对象的轮廓，其渐变、立体、单色填充和渐变填充等效果都被隐藏，可更方便和快捷地选择和编辑对象，效果如图1-23所示。

■ 图1-23 轮廓显示效果

技 巧

　按Ctrl+Y键，可以在"轮廓与预览"显示状态之间转换。

SETP 3 执行菜单中的"视图/预览"命令，此时会将轮廓模式转换成预览模式。

SETP 4 执行菜单中的"视图/叠印预览"命令，此时可将当前视图快速切换到叠印预览模式，效果如图1-24所示。

■ 图1-24 叠印预览

提 示

"预览模式"即打印预览模式，在该模式下会显示图形的大部分细节，如颜色及各对象的位置关系等，而且色彩显示与打印出来的效果十分接近。但是它占用的内存比较大，如果图形较复杂时，显示或刷新速度比较慢。

SETP 5 执行菜单中的"视图/像素预览"命令，此模式可以将绘制的矢量图形转换为位图显示，这样可以有效地控制图像的精确度和尺寸等。在不改变显示比例的情况下，效果同叠印预览模式一样，使用缩放工具放大后，图像会失真，出现明显的像素点，效果如图1-25所示。

◀ 图1-25 像素预览

实例7 软件的屏幕模式

实例 目的

了解Illustrator CS6的屏幕显示模式，共有3种，分别为"正常屏幕模式"、"带有菜单栏的全屏模式"和"全屏模式"。

实例 重点

★ 正常屏幕模式
★ 带有菜单栏的全屏模式
★ 全屏模式

实例 步骤

SETP 1 打开随书附带光盘中的"素材/第1章/创意国旗热气球.ai"文件。

SETP 2 单击工具箱中的  "屏幕转换模式"按钮（快捷键为F），可以在3种模式之间转换。

★ "正常屏幕模式"包括标题栏、菜单栏、工具箱、浮动面板和状态栏，效果如图1-26所示。

◀ 图1-26 正常屏幕模式

✦　"带有菜单栏的全屏模式"包括菜单栏、工具箱、浮动面板,标题栏和状态栏隐藏,如图1-27所示。

◀ 图1-27 带有菜单栏的全屏模式

✦　"全屏模式"只显示状态栏,其他都隐藏,如图1-28所示。

◀ 图1-28 全屏模式

| 实例8　存储、关闭与导出　🔍 |

实例　目的

学习在Illustrator中保存文件、关闭文件和导出文件的操作。

实例 重点

★ 打开"存储为"对话框
★ 选择存储路径和文件夹
★ 输入文件名
★ 保存文件
★ 关闭文件

存储文件

"存储"或"存储为"命令可以将新建文档或处理完的图像进行储存。

实例 步骤

SETP 1 完成之前的操作。

SETP 2 如果是第一次存储，执行菜单中的"文件/存储"命令，即可弹出如图1-29所示的"存储为"对话框；如果要对编辑过的文档进行新的保存，执行"存储为"命令，同样可以打开"存储为"对话框，在该对话框中的"保存在"右侧的下拉列表中选择保存文件的路径和文件夹，在"文件名"右侧的文本框中输入文件名。

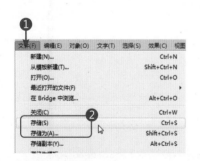

◀ 图1-29 打开"存储为"对话框

技 巧

按Crtl+S键，也可以弹出"存储为"对话框，快速保存文件。

提 示

在"保存类型"下拉列表中的"Adobe Illustrator(*.AI)"格式为Illustrator的标准格式，方便在下次打开时对所绘制的图形进行修改。

SETP 3 单击"保存"按钮，即可对文件进行存储。

提 示

已经保存的文件再进行修改后，可执行菜单中的"文件/存储"命令，直接保存文件。此时，不再弹出"存储为"对话框。也可将文件换名保存，即执行菜单中的"文件/存储为"命令，在弹出的"存储为"对话框中重复前面的操作，在"文件名"右侧的文本框中重新更换一个文件名，再进行保存。

技 巧

通过按Ctrl+Shift+S键，可在"存储为"对话框中的"文件名"文本框中用新名保存绘图。

关闭文件

"关闭"命令可以将当前的工作窗口关闭。

实例　步骤

SETP 1 执行菜单中的"文件/关闭"命令，或单击菜单栏右侧的 × 按钮，如图1-30所示。

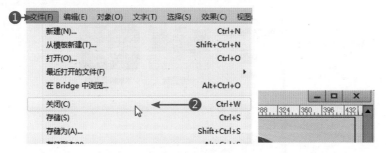

◀ 图1-30 关闭文件

SETP 2 此时，如果文件没有任何改动，则文件将直接关闭。如果文件进行了修改，将弹出如图1-31所示的对话框。

◀ 图1-31 询问对话框

> **注 意**
>
> 单击"是"按钮，保存文件的修改，并关闭文件；单击"否"按钮，将关闭文件，不保存文件的修改；单击"取消"按钮，取消文件的关闭操作。

> **技 巧**
>
> 按Ctrl+W键可以快速对当前工作窗口进行关闭。

导出文件

"导出"命令可以将当前处理的AI文档导出为其他图像格式。

实例 步骤

SETP 1 执行菜单中的"文件/导出"命令，打开"导出"对话框，在"保存类型"下拉列表中选择JPEG格式，设置文件名称和保存路径，如图1-32所示。

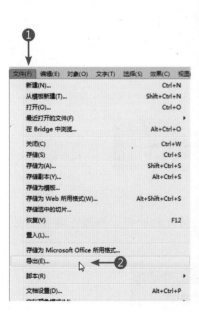

◀ 图1-32 导出文件

SETP 2 设置完毕单击"确定"按钮，弹出如图1-33所示的对话框。

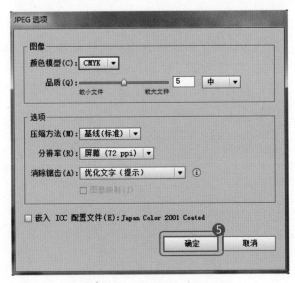

图1-33　"JPEG选项"对话框

SETP 3 单击"确定"按钮，完成文件的导出。

| 本章练习与小结　Q

练习

1. 新建空白文档。

2. 置入"素材/第1章/创意图案"文件。

习题

1. 在Illustrator工具箱的最底部可设定3种不同的窗口显示模式：标准模式、带菜单栏的全屏显示模式和不带菜单栏的全屏显示模式。请问在英文状态下，按下列哪个键可在3种模式之间进行切换？（　　）

　A. Alt键　　　B. Ctrl键　　　　C. Shift键　　　　D. F键

2. 按下列哪个键可将桌面上除工具箱以外的所有浮动面板全部隐藏？（　　）

　A. Alt键　　　B. Ctrl键　　　　C. Shift键　　　　D. F键

3. 在Adobe Illustrator中，若当前文件中的图形复杂，为了加快屏幕刷新速度，最直接快速并且简单的方式是什么？（　　）

　A. 增加运行所需的内存

　B. 增加运行所需的显示内存

　C. 将当前不编辑的部分隐藏

　D. 通过"视图/轮廓"命令使图形只显示线条部分

小结

　　随着对软件的开启，我们必须要了解软件基础功能的具体操作，本章主要对文件的新建、打开、存储与关闭，置入素材、查看方式、位图和矢量图的比较、不同模式的显示方式等内容进行了实例性质的详细讲解，作为本书的第 1 章，主要目的是引领读者了解软件的大概知识，为以后实质性的操作做好铺垫。

第2章

Illustrator CS6

图形的基本绘制

本章主要讲解使用Illustrator软件中的基本几何工具进行绘图的方法。在绘制过程中，让读者对Illustrator基本工具进行详细的了解，从而提升日后创作的基本功，跟随本章中的实例讲解可以更加容易地掌握Illustrator软件的绘图功能。

本章重点

- 椭圆与直接选择工具——卡通小猪
- 渐变填充——水晶水果
- 星形工具——五角星
- 铅笔工具——卡通树人
- 矩形与圆角矩形工具——手机电量格
- 星形与光晕工具——空中约会

| 实例9　椭圆与直接选择工具——卡通小猪 Q

实例 目的

　　本实例的目的是让大家了解在 Illustrator 中基本椭圆工具的使用，结合直接选择工具制作基本图形，最终组合成卡通小猪，如图 2-1 所示为绘制流程图。

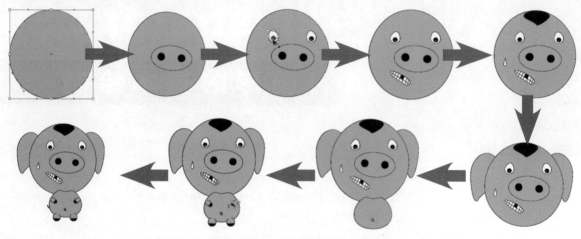

◀ 图2-1　绘制流程图

实例 重点

　★　了解椭圆工具的使用
　★　了解简单填充的方法
　★　直接选择工具的使用

　★　螺旋工具的绘制
　★　直线工具的绘制
　★　实时上色

实例 步骤

SETP 1 ▶ 执行菜单中的"文件/新建"命令，打开"新建文档"对话框，新建一个"宽度"为150mm、"高度"为150mm的空白文档，其他参数设置如图2-2所示。

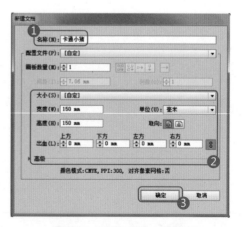

◀ 图2-2　"新建文档"对话框

SETP 2 设置完毕单击"确定"按钮，此时系统会自动新建一个空白文档，使用 ◉（椭圆工具）在文档中绘制一个椭圆形，如图2-3所示。

图2-3 绘制椭圆形

提 示

在Illustrator中绘制椭圆的方法是，选择工具后，在文档中选择起点，按住鼠标向对角方向拖动，松开鼠标即可绘制出椭圆，如图2-4所示。其他几何绘图工具的使用方法与椭圆工具类似。

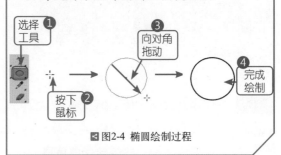

图2-4 椭圆绘制过程

提 示

在Illustrator中绘制几何图形时，可以选择工具图标后，在文档处双击，在打开的对话框中设置宽与高后，单击"确定"按钮，可以创建更加精确标准的几何图形，如图2-5所示。

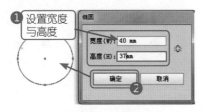

图2-5 标准几何形的创建

技 巧

在Illustrator中绘制椭圆或矩形时，按住Shift键绘制时会直接绘制正圆或正方形；按住Alt键绘制时可以以起始点为中心点绘制椭圆或矩形；按住Shift+Alt键绘制时会以起始点为中心点绘制正圆或正方形。

SETP 3 使用 ▸（直接选择工具）选择最上面的锚点，向上拖动改变椭圆形的形状，如图2-6所示。

SETP 4 单击工具箱中的填色工具，打开"拾色器"对话框，设置要填充的颜色，如图2-7所示。

图2-6 调整形状

图2-7 设置填充颜色

提 示

在Illustrator中，选择要填充的图形并设置填充选项后，会直接将选择的颜色填充到图形中。

SETP 5 ▶ 设置完毕单击"确定"按钮，填充头部颜色如图2-8所示。

SETP 6 ▶ 使用 （椭圆工具）绘制小猪的鼻子，填充为淡粉色，如图2-9所示。

SETP 7 ▶ 使用（椭圆工具）绘制正圆的鼻孔，填充为黑色，如图2-10所示。

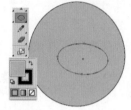 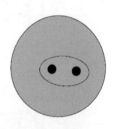

◀ 图2-8 填充颜色　　　　　　　　　　◀ 图2-9 绘制鼻子　　　　　　　　　　◀ 图2-10 绘制鼻孔

SETP 8 ▶ 下面绘制眼睛，使用 （椭圆工具）绘制白色正圆，如图2-11所示。

SETP 9 ▶ 使用 （直接选择工具）选择最上面的锚点，向上拖动改变正圆形的形状，如图2-12所示。

SETP10 ▶ 绘制黑色正圆形的眼珠和白色高光，如图2-13所示。

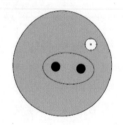 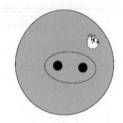 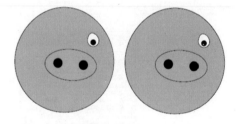

◀ 图2-11 绘制正圆　　　　◀ 图2-12 调整形状　　　　◀ 图2-13 眼珠

SETP11 ▶ 按住Shift键，使用 （选择工具）在眼睛、眼珠和高光上单击，将其一同选取，按住Alt键向左拖动，松开鼠标后，系统会自动复制一个副本，效果如图2-14所示。

SETP12 ▶ 双击 （镜像工具），打开"镜像"对话框，其中的参数设置如图2-15所示，单击"确定"按钮对图像进行翻转。

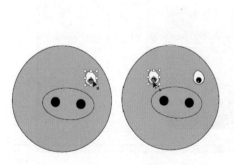 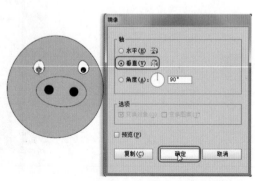

◀ 图2-14 选择与复制　　　　　　　　　◀ 图2-15 翻转

SETP13 下面绘制卡通小猪的嘴部，先绘制一个白色椭圆，再使用 ▶ （直接选择工具）选择锚点进行形状调整，如图2-16所示。

SETP14 使用 ✒ （直线段工具）绘制嘴中的牙齿，如图2-17所示。

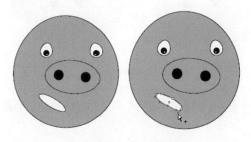

◀图2-16 绘制椭圆

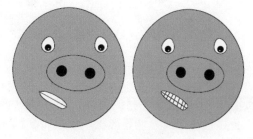

◀图2-17 绘制牙齿

SETP15 将牙齿与嘴一同选取，使用 ▣ （实时上色工具）在牙齿中的一颗上单击，为其填充黑色，效果如图2-18所示。

SETP16 下面绘制头发，绘制一个黑色椭圆，使用 ▶ （直接选择工具）调整形状，效果如图2-19所示。

◀图2-18 填充颜色

◀图2-19 制作头发

SETP17 下面绘制汗珠，绘制一个白色椭圆，使用 ▶ （直接选择工具）调整形状，效果如图2-20所示。

◀图2-20 制作汗珠

SETP18 下面绘制耳朵，绘制一个与头部颜色一致的椭圆，使用 ▶ （直接选择工具）调整形状，效果如图2-21所示。

SETP19 执行菜单中的"对象/排列/置于底层"命令，或按Shift+Ctrl+[键，调整顺序，再使用绘制眼睛的方法复制另一边的耳朵并镜像翻转，效果如图2-22所示。

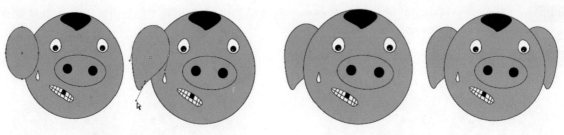

◀图2-21 制作耳朵　　　　　　　　　◀图2-22 改变顺序

SETP20▶ 下面绘制小猪的身体，使用 ◉（椭圆工具）绘制一个与头部颜色一致的椭圆，使用 ▨（直接选择工具）调整形状，效果如图2-23所示。

SETP21▶ 使用 ◉（螺旋线工具）绘制螺旋的肚脐效果，如图2-24所示。

SETP22▶ 下面绘制小猪的脚，使用 ◉（椭圆工具）绘制一个与头部颜色一致的椭圆，再使用 ✎（直线段工具）绘制一条直线，如图2-25所示。

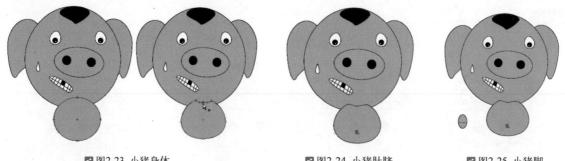

◀图2-23 小猪身体　　　　　◀图2-24 小猪肚脐　　　　◀图2-25 小猪脚

SETP23▶ 框选直线与椭圆，使用 ▨（实时上色工具）在下半圆上单击，为其填充黑色，效果如图2-26所示。

SETP24▶ 使用 ▨（直接选择工具）调整形状，效果如图2-27所示。

SETP25▶ 使用 ✐（橡皮擦工具）在上面单击，将轮廓与填充都擦除一些，效果如图2-28所示。

SETP26▶ 使用 ▸（选择工具）选择猪脚，复制后移动到相应位置，拖动控制点调整方向，如图2-29所示。

SETP27▶ 绘制椭圆，填充与头部一样的颜色，调整形状，再将顺序调整到最后面，完成本例的制作，效果如图2-30所示。

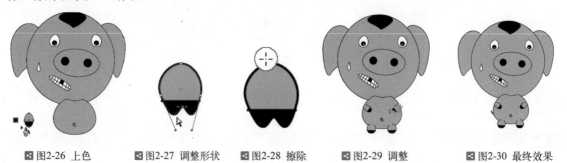

◀图2-26 上色　　◀图2-27 调整形状　　◀图2-28 擦除　　◀图2-29 调整　　◀图2-30 最终效果

实例10　渐变填充——水晶水果 　Q　

实例　目的

　　本实例的目的是让大家了解在 Illustrator 中使用椭圆工具、直接选择工具并与渐变填充相结合绘制水晶水果图形的方法，如图 2-31 所示为绘制流程图。

◀ 图2-31　绘制流程图

实例　重点

　　★　椭圆工具
　　★　直接选择工具
　　★　渐变填充

实例　步骤

SETP 1　执行菜单中的"文件/新建"命令，新建一个"宽度"为180mm、"高度"为100mm的空白文档，使用　（椭圆工具）按住Shift键在文档中绘制一个正圆，如图2-32所示。

SETP 2　正圆绘制完毕后，使用　（添加锚点工具）在正圆的轮廓路径上单击，添加锚点，如图2-33所示。

◀ 图2-32　绘制正圆形　　　　　　　　　　◀ 图2-33　添加锚点

提 示

使用（添加锚点工具）为路径添加锚点的方法是移动鼠标到路径上，此时会在路径上出现一个+号，在此单击鼠标即可添加锚点；使用（删除锚点工具）移动鼠标指针到锚点上，此时在锚点上会出现一个-号，在此单击鼠标即可将锚点删除，如图2-34所示。

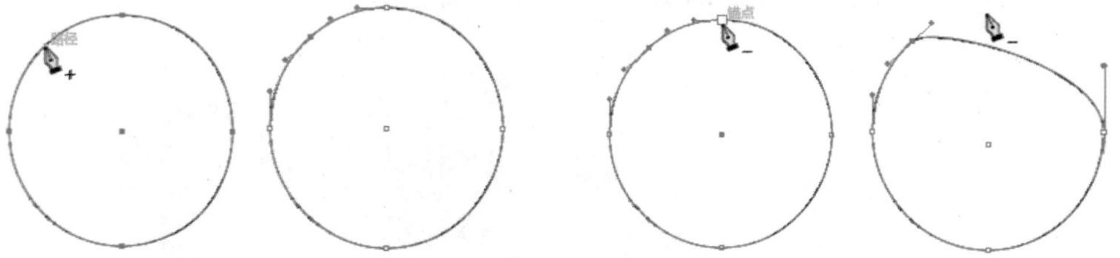

图2-34 添加与删除锚点

SETP 3 使用（直接选择工具）调整正圆形状，效果如图2-35所示。

SETP 4 执行菜单中的“窗口/渐变”命令，打开“渐变”面板，设置“渐变类型”为“径向”，设置从左到右的渐变颜色为淡绿色、绿色和绿色，如图2-36所示。

SETP 5 使用（渐变工具）在图形中拖动，为其填充渐变色，效果如图2-37所示。

SETP 6 使用（椭圆工具）绘制一个白色椭圆，取消轮廓后，使用（直接选择工具）调整形状，如图2-38所示。

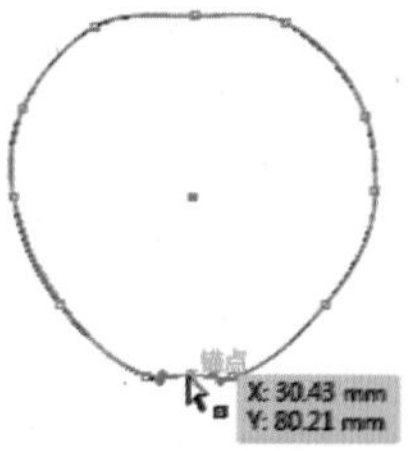

图2-35 调整形状

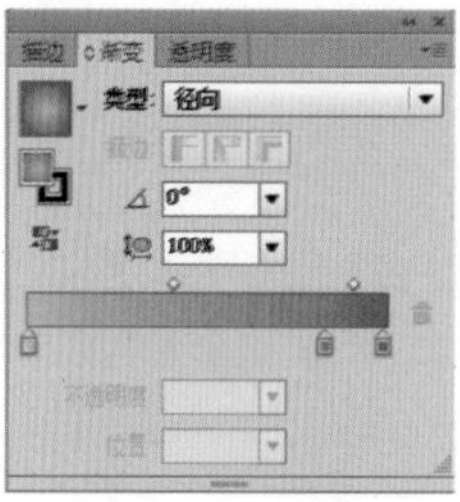

图2-36 设置渐变

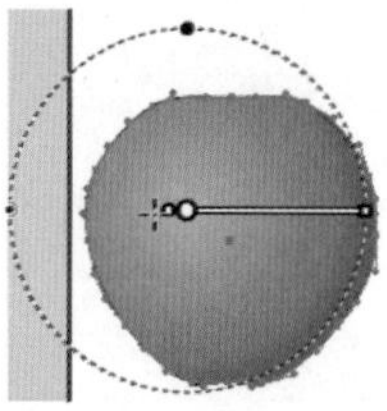

图2-37 填充渐变

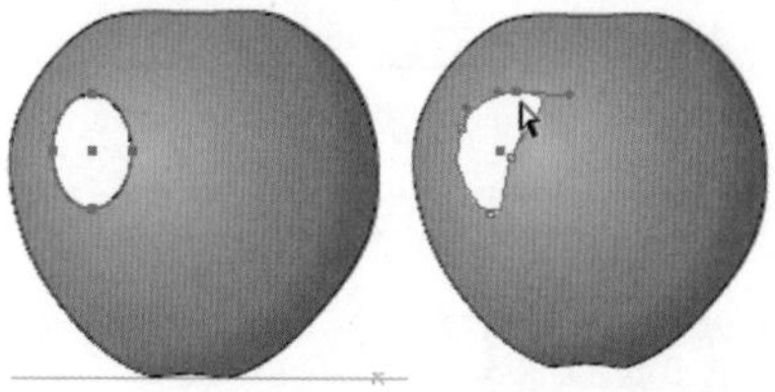

图2-38 调整

SETP 7 选择调整后的圆形，在属性栏中设置“不透明度”为30%，效果如图2-39所示。

SETP 8 使用（椭圆工具）绘制一个棕色的椭圆，使用（直接选择工具）调整形状，设置“不透明度”为30%，效果如图2-40所示。

SETP 9 使用（铅笔工具）绘制水果的柄，如图2-41所示。

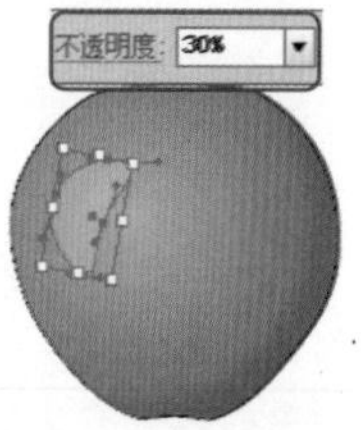

图2-39 调整透明度

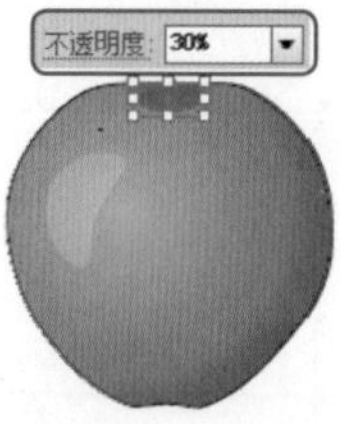

图2-40 调整

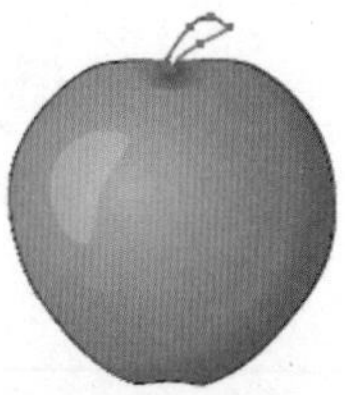

图2-41 绘制

SETP10 在"渐变"面板中，设置"渐变类型"为"线性"，渐变色为从淡棕色到棕色，如图2-42所示。

SETP11 使用 ⬭（椭圆工具）绘制一个椭圆，使用 ▷（直接选择工具）调整形状，将其调整为树叶形，如图2-43所示。

图2-42 填充渐变色　　　　　　　　　　　　　　　　图2-43 调整

SETP12 在"渐变"面板中，设置从淡绿色到绿色的径向渐变，使用 ▣（渐变工具）在图形中拖动填充渐变色，效果如图2-44所示。

SETP13 水晶水果图形制作完毕，效果如图2-45所示。

SETP14 使用同样的方法制作另外两种颜色的水晶水果，效果如图2-46所示。

图2-44 填充渐变色　　　　　　　图2-45 水晶水果　　　　　　　图2-46 最终效果

实例11　星形工具——五角星　🔍 ➡

实例 目的 ✎

本实例的目的是让大家了解在 Illustrator 中使用星形工具、直线段工具结合实时填充工具绘制五角星的方法，如图 2-47 所示为制作流程图。

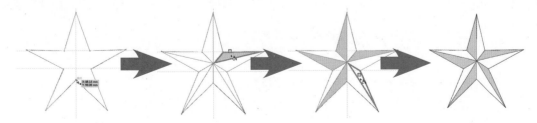

图2-47 制作流程图

实例 **重点** 🗇

- ★ 了解星形工具的使用方法
- ★ 了解直线段工具的使用方法
- ★ 拖出参考线
- ★ 实时填充工具

实例 **步骤** 🗇

SETP 1 ▶ 执行菜单中的"文件/新建"命令，新建一个"宽度"为180mm、"高度"为160mm的空白文档，使用 ☆（星形工具）在文档中单击，打开"星形"对话框，如图2-48所示。

SETP 2 ▶ 单击"确定"按钮，完成操作，按Ctrl+R键调出标尺，从标尺处按住鼠标左键拖动参考线到星形中，如图2-49所示。

SETP 3 ▶ 使用 ▯（直接选择工具）调整形状，效果如图2-50所示。

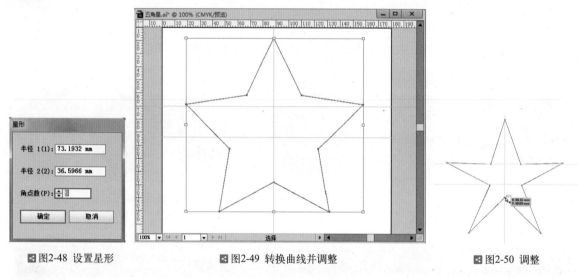

◁ 图2-48 设置星形　　　　　◁ 图2-49 转换曲线并调整　　　　　◁ 图2-50 调整

SETP 4 ▶ 使用 ◢（直线段工具）绘制线段，如图2-51所示。

SETP 5 ▶ 框选对象，使用 🖾（实时上色工具）在星形上填充，效果如图2-52所示。

SETP 6 ▶ 全部填充完毕后，完成本例的制作，效果如图2-53所示。

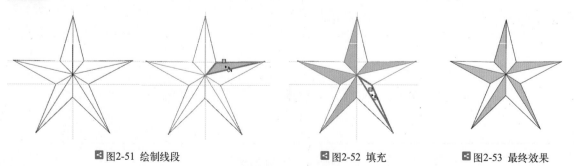

◁ 图2-51 绘制线段　　　　　◁ 图2-52 填充　　　　　◁ 图2-53 最终效果

实例12 铅笔工具——卡通树人

实例 目的

本实例的目的是让大家了解在 Illustrator 中铅笔工具、直接选择工具以及渐变工具相结合绘制卡通树人的方法，如图 2-54 所示为制作流程图。

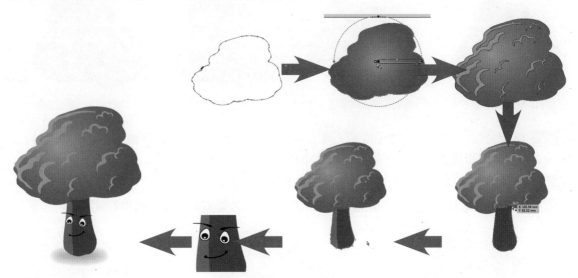

◀ 图2-54 制作流程图

实例 重点

* ✹ 了解铅笔工具的使用
* ✹ 了解渐变工具的使用

* ✹ 了解直接选择工具的使用
* ✹ "渐变"面板
* ✹ 高斯模糊

实例 步骤

SETP 1 ▶ 执行菜单中的"文件/新建"命令，新建一个"宽度"为180mm、"高度"为160mm的空白文档，使用 ☑（铅笔工具）在文档中绘制树冠形状，如图2-55所示。

SETP 2 ▶ 绘制树冠后，执行菜单中的"窗口/渐变"命令，打开"渐变"面板，其中的参数设置如图2-56所示。

SETP 3 ▶ 渐变设置完毕后，使用 ▣（渐变工具）在树冠内拖动鼠标填充渐变色，如图2-57所示。

从左到右的颜色为淡绿色和绿色

◀ 图2-55 绘制树冠　　　　◀ 图2-56 设置渐变　　　　◀ 图2-57 填充渐变色

SETP 4 使用 （铅笔工具）在树冠上绘制路径，如图2-58所示。

SETP 5 在工具箱中设置填充颜色为淡绿色，效果如图2-59所示。

SETP 6 选择 （铅笔工具），使用同样的方法在树冠上绘制其他的路径并填充淡绿色，如图2-60所示。

SETP 7 在工具箱中设置"描边"为无填充，将树冠上的轮廓取消，效果如图2-61所示。

◀ 图2-58 绘制曲线　　　　◀ 图2-59 填充颜色　　　　◀ 图2-60 填充　　　　◀ 图2-61 取消轮廓

SETP 8 下面绘制树干，使用 （铅笔工具）绘制树干的大概形状，使用 （直接选择工具）拖动锚点，将其调整得更加细致一些，将路径填充为棕色，如图2-62所示。

SETP 9 再绘制一个与树干形状相似的高光，如图2-63所示。

SETP10 将树干选取后，取消轮廓，按Shift+Ctrl+[键将其放置到最底层，如图2-64所示。

◀ 图2-62 绘制路径　　　　◀ 图2-63 绘制高光　　　　◀ 图2-64 排列

SETP11 下面绘制眼睛，使用 （椭圆工具）绘制轮廓为黑色的白色正圆，使用 （直接选择工具）拖动锚点对其调整，如图2-65所示。

SETP12 使用 （椭圆工具）绘制黑色正圆和白色椭圆形，如图2-66所示。

SETP13 使用同样的方法制作另一只眼睛，效果如图2-67所示。

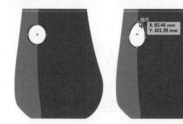 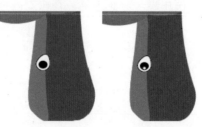 

◀ 图2-65 调整　　　　◀ 图2-66 绘制　　　　◀ 图2-67 绘制眼睛

SETP14 下面绘制眉毛，先绘制一个黑色椭圆，使用 ▶ （直接选择工具）调整形状，效果如图2-68
所示。

SETP15 双击 ▦ （镜像工具），打开"镜像"对话框，选择"垂直"单选项，单击"复制"按
钮，效果如图2-69所示。

SETP16 使用 ▶ （选择工具）将副本眉毛，移到另一面，效果如图2-70所示。

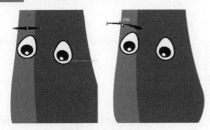

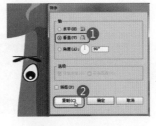

◀ 图2-68 绘制眉毛　　　　　◀ 图2-69 复制　　　　　◀ 图2-70 移动

SETP17 使用 ◯ （椭圆工具）绘制椭圆，使用 ▶ （直接选择工具）拖动锚点调整形状，制作嘴
形，效果如图2-71所示。

SETP18 再绘制几个正圆，分别为鼻孔、嘴角，效果如图2-72所示。

SETP19 在树的底部绘制一个黑色椭圆，效果如图2-73所示。

◀ 图2-71 嘴　　　　　◀ 图2-72 脸部　　　　　◀ 图2-73 阴影

SETP20 执行菜单中的"效果/模糊/高斯模糊"命令，打开"高斯模糊"对话框，其中的参数设
置如图2-74所示。

SETP21 设置完毕单击"确定"按钮，按Shift+Ctrl+[键将其排列到最底层，至此本例制作完毕，
如图2-75所示。

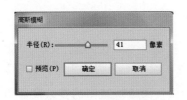

◀ 图2-74 "高斯模糊"对话框

◀ 图2-75 最终效果

实例13　矩形与圆角矩形工具——手机电量格　　🔍

实例 目的 📝

　　本实例的目的是让大家了解在 Illustrator 中使用矩形工具、圆角矩形工具以及渐变填充相结合绘制手机电量格的方法，如图 2-76 所示为绘制流程图。

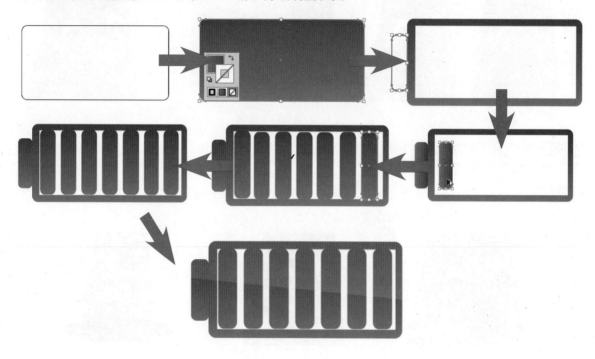

◀图2-76　绘制流程图

实例 重点 📝

* ✹ 矩形工具
* ✹ 圆角矩形工具
* ✹ "渐变"面板
* ✹ 直接选择工具
* ✹ 透明度设置

实例 步骤 📝

SETP 1 ▶ 执行菜单中的"文件/新建"命令，新建一个空白文档，使用▣（圆角矩形工具）在文档中单击后，在打开的"圆角矩形"对话框中设置参数，绘制一个圆角矩形，如图2-77所示。

SETP 2 ▶ 执行菜单中的"窗口/渐变"命令，打开"渐变"面板，其中的参数设置如图2-78所示。

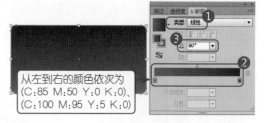

图2-77 绘制圆角矩形　　　　　　　　　　　　　　　图2-78 设置渐变

SETP 3 ▸ 设置轮廓颜色为"无"，效果如图2-79所示。

SETP 4 ▸ 使用▢（矩形工具）绘制一个轮廓为"无"，填充为白色的矩形，如图2-80所示。

SETP 5 ▸ 再使用▢（圆角矩形工具）在文档相应位置绘制圆角矩形，如图2-81所示。

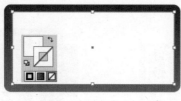

　　图2-79 轮廓色为无　　　　　　　　　图2-80 绘制矩形　　　　　　　　　图2-81 绘制圆角矩形

SETP 6 ▸ 圆角矩形绘制完毕后，使用✐（吸管工具）在填充渐变色的区域内单击，为其填充一样的颜色，如图2-82所示。

SETP 7 ▸ 使用▸（选择工具）选择小圆角矩形，按住Alt键向右移动，放开鼠标后即可复制一个副本，如图2-83所示。

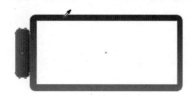

　　　　　图2-82 吸管工具　　　　　　　　　　　　　图2-83 复制

SETP 8 ▸ 使用▸（选择工具）向上拖动上面的控制点，向下拖动下面的控制点，将圆角矩形变长，复制6个副本，如图2-84所示。

SETP 9 ▸ 将里面的7个圆角矩形一同选取，单击属性栏中的"垂直顶端对齐"按钮和"水平左分布"按钮，效果如图2-85所示。

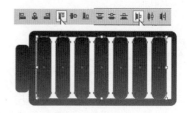

　　　　　图2-84 变长与复制　　　　　　　　　　　　图2-85 对齐与分布

SETP10 ▶ 对齐与分布后将选取的对象向中间移动一点位置，效果如图2-86所示。

SETP11 ▶ 绘制一个白色矩形，使用 ▶ （直接选择工具）拖动锚点，改变形状，效果如图2-87所示。

 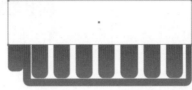 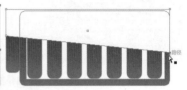

◀ 图2-86 移动 ◀ 图2-87 绘制矩形调整形状

SETP12 ▶ 在属性栏中设置"不透明度"为20%，效果如图2-88所示。

SETP13 ▶ 至此本例制作完毕，效果如图2-89所示。

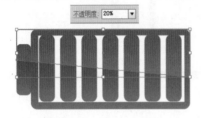 

◀ 图2-88 设置不透明度 ◀ 图2-89 最终效果

| 实例14 星形与光晕工具——空中约会 🔍 ➡ |

实例 目的 ✍

本实例的目的是让大家了解在 Illustrator 中使用星形工具、光晕工具以及直接选择工具结合绘制空中约会插画的方法，如图 2-90 所示效果为绘制流程图。

◀ 图2-90 绘制流程图

实例 重点 ✍

✦ 了解"置入"命令的使用　　　　　✦ 星形工具

✦ 了解高斯模糊的使用　　　　　　✦ 光晕工具

✦ 了解外发光的使用

实例 步骤

SETP 1 执行菜单中的"文件/新建"命令,打开"新建文档"对话框,其中的参数设置如图2-91所示。

SETP 2 设置完毕单击"确定"按钮,新建一个空白文档,执行菜单中的"文件/置入"命令,置入随书附带光盘中的"素材/第2章/背景"素材,单击"嵌入"按钮,将文件直接嵌入到新建的文档中,如图2-92所示。

SETP 3 置入随书附带光盘中的"素材/第2章/月亮"素材,单击"嵌入"按钮,将素材移动到相应位置,如图2-93所示。

◀ 图2-91 "新建文档"对话框

◀ 图2-92 置入素材

◀ 图2-93 置入素材

SETP 4 设置"不透明度"为60%,效果如图2-94所示。

SETP 5 使用 ⬭ (椭圆工具)在文档中绘制一个与月亮大小一致的白色正圆,如图2-95所示。

SETP 6 执行菜单中的"效果/模糊/高斯模糊"命令,打开"高斯模糊"对话框,其中的参数设置如图2-96所示。

◀ 图2-94 设置不透明度

◀ 图2-95 绘制月亮

◀ 图2-96 "高斯模糊"对话框

SETP 7 设置完毕单击"确定"按钮,设置"不透明度"为50%,效果如图2-97所示。

SETP 8 置入随书附带光盘中的"素材/第2章/云彩"素材,单击"嵌入"按钮,将素材移动到相应位置,设置"不透明度"为70%,效果如图2-98所示。

SETP 9 置入随书附带光盘中的"素材/第2章/人物"素材,单击"嵌入"按钮,将素材移动到相应位置,效果如图2-99所示。

◀ 图2-97 高斯模糊后

◀ 图2-98 置入

◀ 图2-99 置入

SETP10 执行菜单中的"效果/风格化/外发光"命令，打开"外发光"对话框，其中的参数设置如图2-100所示。

SETP11 设置完毕单击"确定"按钮，效果如图2-101所示。

SETP12 使用 ☆（星形工具）在背景上绘制白色四角星形，使用 ▶（直接选择工具）调整形状，效果如图2-102所示。

◀ 图2-100 "外发光"对话框

◀ 图2-101 外发光

◀ 图2-102 绘制四角星

技 巧

在使用 ☆（星形工具）绘制星形时，绘制过程中按键盘上的向上与向下键可以改变星形的数值。

SETP13 复制多个星形，移动到相应的位置，将星形全部选取，效果如图2-103所示。

SETP14 执行菜单中的"效果/模糊/高斯模糊"命令，打开"高斯模糊"对话框，其中的参数设置如图2-104所示。

◀ 图2-103 复制

◀ 图2-104 "高斯模糊"对话框

SETP15 设置完毕单击"确定"按钮，效果如图2-105所示。

SETP16 使用 （光晕工具）在天空中人物处绘制光晕，完成本例的制作，效果如图2-106所示。

◀ 图2-105 模糊后

◀ 图2-106 最终效果

本章练习与小结

练习

1. 对几何绘制工具进行逐个练习。

2. 通过直接选择工具对绘制的图形进行精确的编辑。

3. 掌握填充工具渐变填充的使用。

习题

1. 以下不属于 （矩形工具）组中的工具是哪个？（ ）

　A. 矩形工具　　　　　B. 直接选择工具　　　　C. 椭圆工具　　　　　D. 星形工具

2. 当使用 （星形工具）绘制星形时，按住以下哪个键可以将绘制的星形进行移动？（ ）

　A. Enter键　　　　　B. Esc键　　　　　C. 空格键　　　　　D. Ctrl键

3. 使用 （椭圆工具）绘制正圆时需按住键盘上的哪个键？（ ）

　A. Enter键　　　　　B. Esc键　　　　　C. Shift键　　　　　D. Ctrl键

4. 使用 （选择工具）在文档中选择多个图形时，除了框选外，还可以按住键盘上的哪个键单击进行多选？（ ）

39

A. Enter键　　　　　　　B. Esc 键　　　　　　　C. Shift键　　　　　　　D. Ctrl键

5. 按下面哪个键，可以在当前使用的工具与▶（选择工具）之间相互切换？（　　　）

A. Enter键　　　　　　　B. 空格键　　　　　　　C. Shift键　　　　　　　D. Ctrl键

6. 使用◎（多边形工具）绘制多边形的过程中，按哪个键可以减少多边形的边数？（　　　）

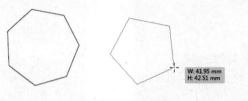

A. 向上键　　　　　　　B. 向下键　　　　　　　C. Shift键　　　　　　　D. Ctrl键

小结

学习完本章后，读者应当掌握 Illustrator 中常用基本绘图工具的使用方法，掌握这些基础绘图工具可以对以后创作起到引导作用，在 Illustrator 中只要涉及绘图就离不开基本绘图工具的使用。

第3章

Illustrator CS6

| 图形对象的编辑与艺术处理

通过对前面章节的学习，大家已经对Illustrator软件中的基本几何工具的使用方法有了一些了解。本章主要在之前的基础上对已经绘制的图形进行相应的编辑和处理，使其更接近完美效果。

| 本章重点 ★

⌕ 旋转复制——轮胎

⌕ 图形样式——想象

⌕ 建立图案——大嘴猴

⌕ 符号喷枪——愤怒的小鸟

⌕ 路径橡皮擦——小猫

⌕ 分割下方对象——太极球

实例 目的

　　本实例的目的是让大家了解在 Illustrator 中通过旋转工具结合"旋转"面板对已绘制对象进行旋转复制的方法，如图 3-1 所示为绘制流程图。

◀ 图3-1　绘制流程图

实例 重点

　* 拖出参考线
　* 绘制正圆
　* 绘制圆角矩形
　* 旋转复制

实例 步骤

SETP 1　执行菜单中的"文件/新建"命令，新建一个空白文档，按Ctrl+R键调出标尺后，在标尺上按住鼠标向文档内拖动，创建一个由参考线组成的十字线，如图3-2所示。

SETP 2　使用 ◯（椭圆工具）将鼠标指针移动到参考线交叉的位置，将其作为正圆的圆心，按住Shift+Alt键绘制一个以起点为中心的正圆，如图3-3所示。

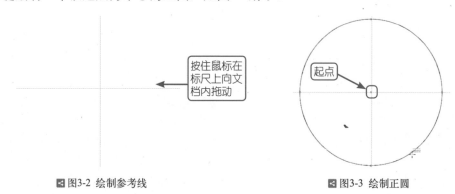

按住鼠标在标尺上向文档内拖动

起点

◀ 图3-2　绘制参考线　　　　　　　　　　　◀ 图3-3　绘制正圆

SETP 3　执行菜单中的"窗口/渐变"命令，打开"渐变"面板，在其中设置参数后，为正圆填充渐变色，如图3-4所示。

SETP 4　使用 ◢（直线段工具）在上面绘制三条黑色线段，如图3-5所示。

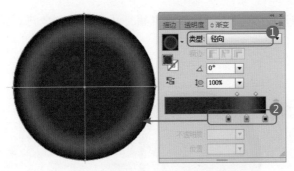

图3-4 设置并填充渐变色　　　　　　图3-5 绘制线段

SETP 5 将三条线段一同选取，选择 ◎（旋转工具），按住Alt键在参考线相交叉的位置单击鼠标，将旋转中心点设置到交叉处，同时会弹出"旋转"对话框，如图3-6所示。

SETP 6 在"旋转"对话框中设置"角度"为15°，单击"复制"按钮，此时系统自动沿中心点旋转15°复制一个副本，如图3-7所示。

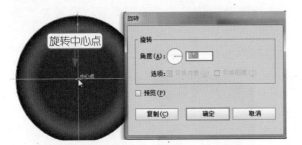

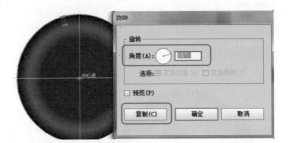

图3-6 调出旋转中心点和"旋转"对话框　　　　　图3-7 复制

SETP 7 按Ctrl+D键多次继续旋转复制，直到旋转一周为止，如图3-8所示。

SETP 8 选择渐变正圆，执行菜单中的"对象/变换/缩放"命令，打开"比例缩放"对话框，设置参数后，单击"复制"按钮，得到一个正圆的缩小副本，如图3-9所示。

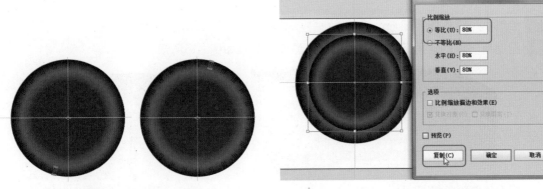

图3-8 旋转复制　　　　　　　　　图3-9 缩放复制

SETP 9 在"渐变"面板中重新设置渐变色，效果如图3-10所示。

SETP10 再旋转复制一个缩放为原来大小的96%的副本，使用 （镜像工具）将对象进行翻转，效果如图3-11所示。

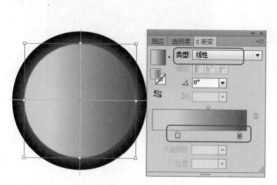

◀ 图3-10 渐变色

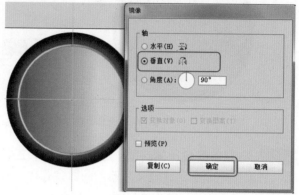

◀ 图3-11 缩小后复制并进行翻转

SETP11 再复制最上面的正圆，缩小为98%，将其进行镜像翻转，将"渐变类型"设置为"镜像"，效果如图3-12所示。

SETP12 使用 （圆角矩形工具）绘制圆角矩形，填充径向渐变，效果如图3-13所示。

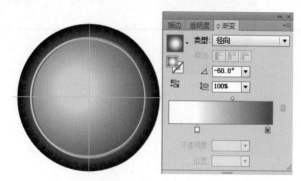

◀ 图3-12 复制并镜像

◀ 图3-13 绘制圆角矩形并填充

SETP13 绘制小一点的圆角矩形，将其缩小并填充渐变色，效果如图3-14所示。

SETP14 绘制小一点的圆角矩形，将其填充为黑色，效果如图3-15所示。

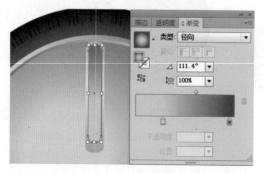

◀ 图3-14 绘制圆角矩形并填充

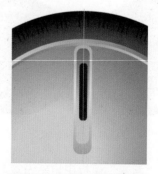

◀ 图3-15 绘制圆角矩形并填充

SETP15 将三个圆角矩形一同选取，使用 🔄（旋转工具），按住Alt键在参考线交叉处单击鼠标，设置旋转中心点，打开"旋转"对话框，单击"复制"按钮，进行旋转复制，如图3-16所示。

SETP16 按Ctrl+D键继续进行复制，得到如图3-17所示的效果。

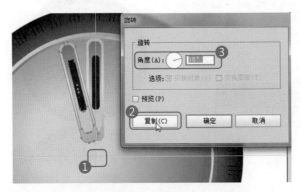

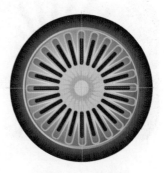

◁ 图3-16 调出旋转中心点和"旋转"对话框　　　　◁ 图3-17 旋转复制

SETP17 使用 ◯（椭圆工具）在轮胎中心位置绘制正圆，填充渐变色，如图3-18所示。

SETP18 使用 ◯（椭圆工具）在轮胎中心位置绘制正圆，填充白色，描边为黑色，如图3-19所示。

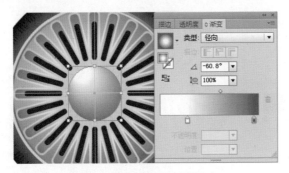

◁ 图3-18 绘制正圆并填充渐变色　　　　◁ 图3-19 绘制正圆并填充白色

SETP19 使用 ☆（星形工具）在轮胎中心位置绘制一个三角星形，如图3-20所示。

SETP20 使用 ▸（直接选择工具）调整三角形为星形，效果如图3-21所示。

◁ 图3-20 绘制三角星形　　　　◁ 图3-21 调整

SETP21 复制星形，缩小后填充渐变色，效果如图3-22所示。

SETP22 使用 ▶（选择工具）框选整个轮胎，按Ctrl+G键将其编组，复制一个副本，移到图形下方作为倒影，效果如图3-23所示。

◁图3-22 复制并填充　　　　　　　　　　　　　　◁图3-23 复制

SETP23 执行菜单中的"窗口/透明度"命令，打开"透明度"面板，单击"蒙版缩略图"，如图3-24所示。

SETP24 在下面要制作倒影的图形上绘制一个蒙版矩形，编辑渐变色，如图3-25所示。

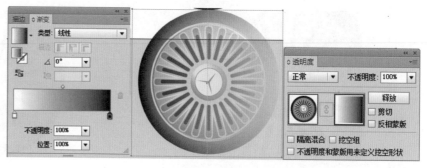

◁图3-24 复制　　　　　　　　　　　　　　◁图3-25 编辑

SETP25 使用 ▦（渐变工具）在倒影中从上向下拖动，创建渐变蒙版，效果如图3-26所示。

SETP26 使用 ▭（矩形工具）绘制一个将轮胎与倒影包含在内的矩形轮廓，再将倒影一同选取，执行菜单中的"对象/剪贴蒙版/建立"命令，完成本例的制作，效果如图3-27所示。

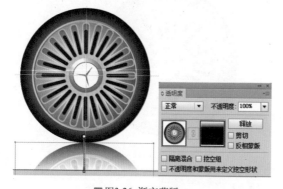

◁图3-26 渐变蒙版　　　　　　　　　　　　　◁图3-27 最终效果

实例16　图形样式——想象

实例 ▶ 目的

本实例的目的是让大家了解在 Illustrator 中通过"图形样式"填充背景，为绘制的圆形轮廓填充渐变色，来制作想象矢量画效果，如图 3-28 所示为绘制流程图。

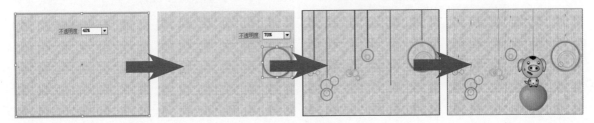

◀ 图3-28　绘制流程图

实例 ▶ 重点

✦　为矩形填充图形样式作为背景
✦　绘制圆环填充渐变色
✦　将素材复制到文档中

实例 ▶ 步骤

`SETP 1` ▶ 执行菜单中的"文件/新建"命令，新建一个空白文档，使用 ▣（矩形工具）在文档中绘制一个"宽度"为180mm、"高度"为135mm的矩形，如图3-29所示。

`SETP 2` ▶ 执行菜单中的"窗口/图形样式"命令，打开"图形样式"面板，单击"图形样式库菜单"按钮，在弹出的菜单中选择"艺术效果"选项，如图3-30所示。

◀ 图3-29　绘制矩形

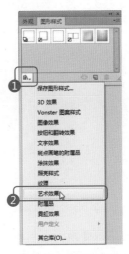

◀ 图3-30　选择艺术效果

SETP 3 ▶ 选择"艺术效果"选项后，弹出"艺术效果"面板，在其中单击"薄纸拼贴画2"图标，为矩形进行填充，效果如图3-31所示。

SETP 4 ▶ 在属性栏中设置"不透明度"为40%，效果如图3-32所示。

◀ 图3-31 填充薄纸拼贴画2

◀ 图3-32 设置不透明度

SETP 5 ▶ 执行菜单中的"对象/锁定/所选对象"命令，将背景锁定，在背景上绘制一个"描边"为10pt的轮廓，如图3-33所示。

SETP 6 ▶ 执行菜单中的"渐变"命令，打开"渐变"面板，设置渐变参数，如图3-34所示。

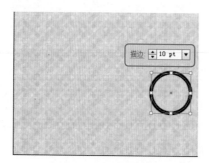

◀ 图3-33 绘制轮廓

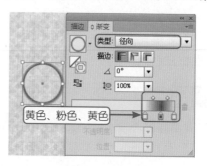

◀ 图3-34 设置渐变参数

SETP 7 ▶ 设置"不透明度"为70%，效果如图3-35所示。

SETP 8 ▶ 复制圆形轮廓，将其缩小，重新设置渐变色，如图3-36所示。

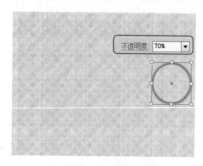

◀ 图3-35 不透明度

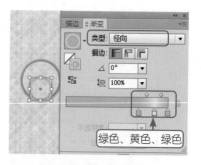

◀ 图3-36 设置渐变

SETP 9 ▶ 复制多个圆环，变换大小后移动到相应位置，效果如图3-37所示。

SETP10 ▶ 使用 ✎ （直线段工具）在复制的多个组合圆环上绘制直线，如图3-38所示。

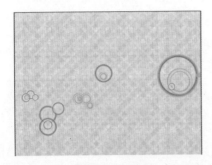

◀ 图3-37 复制

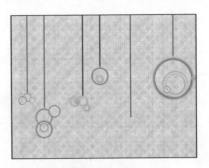

◀ 图3-38 绘制直线

SETP11 使用"渐变"面板分别为直线填充渐变色，效果如图3-39所示。

SETP12 打开随书附带光盘中的"素材/第3章/水晶水果"素材，框选其中的水果，按Ctrl+C键复制，再转换到"想象"文档中，按Ctrl+V键粘贴并移动素材到相应位置，效果如图3-40所示。

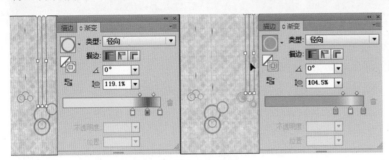

◀ 图3-39 填充渐变色

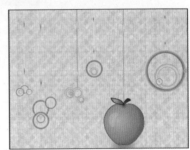

◀ 图3-40 移入素材

SETP13 选择投影将其删除，将苹果的描边轮廓清除，效果如图3-41所示。

SETP14 打开随书附带光盘中的"素材/第3章/卡通小猪"素材，框选其中的小猪，将其复制到"想象"文档中，至此本例制作完毕，效果如图3-42所示。

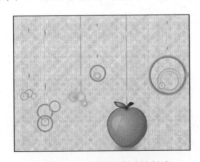

◀ 图3-41 删除投影清除轮廓

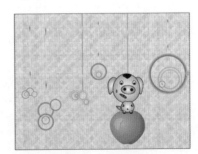

◀ 图3-42 最终效果

| 实例17 建立图案——大嘴猴 Q

实例 ▶ **目的**

本实例的目的是让大家了解在Illustrator中通过"图像描摹"、"建立图案"命令，将位图转换为矢量图的方法，如图 3-43 所示为绘制流程图。

◀ 图3-43 绘制流程图

实例 ▶ 重点

★ 了解矩形工具的使用

★ 了解建立图案的方法

★ 添加投影

实例 ▶ 步骤

SETP 1 ▶ 执行菜单中的"文件/新建"命令，新建一个空白文档，使用 ▣（矩形工具）在文档中绘制一个"宽度"为180mm、"高度"为135mm的矩形，填充设置为白色，描边设置为黑色，如图3-44所示。

◀ 图3-44 绘制矩形

SETP 2 ▶ 执行菜单中的"文件/置入"命令，找到随书附带光盘中的"素材/第3章/粉色猴"素材，将其置入，如图3-45所示。

SETP 3 ▶ 在属性栏中单击"嵌入"按钮，再设置"描摹"为"底保真照片"，然后单击"扩展"

按钮将描摹对象转换为路径，如图3-46所示。

■ 图3-45 素材

■ 图3-46 转换位图为矢量图

SETP 4 ▶ 转换为路径后，执行菜单中的"对象/取消编组"命令或按Shift+Ctrl+G键，将对象打散，选择背景后按Delete键将其删除，效果如图3-47所示。

SETP 5 ▶ 使用 （直接选择工具）和 ▷（转换锚点工具），将猴子嘴部的路径调整得平滑一点，效果如图3-48所示。

■ 图3-47 删除背景

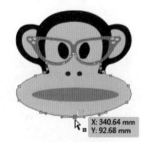

■ 图3-48 调整

SETP 6 ▶ 将猴子选取后按Ctrl+G键编组。将背景矩形填充为粉色，按Ctrl+C键复制，再按Ctrl+B键进行原位粘贴，如图3-49所示。

SETP 7 ▶ 选择猴子，执行菜单中的"对象/图案/建立"命令，此时会弹出如图3-50所示的对话框。

■ 图3-49 填充

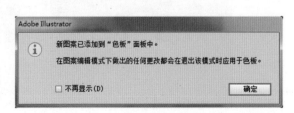

■ 图3-50 对话框

SETP 8 ▶ 单击"确定"按钮，进入到"图案"编辑状态，编辑参数后单击"完成"按钮，如图3-51所示。

SETP 9 ▶ 完成编辑后，选择上面的背景矩形，单击色版中的图案进行填充，效果如图3-52所示。

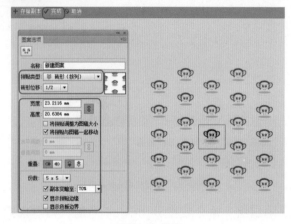

图3-51 编辑

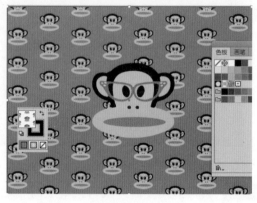

图3-52 填充

SETP10 ▶ 选择填充图案的矩形，设置"不透明度"为30%，效果如图3-53所示。

SETP11 ▶ 选择猴子，执行菜单中的"效果/风格化/投影"命令，打开"投影"对话框，其中的参数设置如图3-54所示。

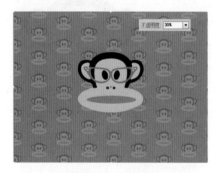

图3-53 不透明度

图3-54 "投影"对话框

SETP12 ▶ 设置完毕单击"确定"按钮，效果如图3-55所示。

SETP13 ▶ 使用 T（文本工具）在猴子右下角键入文字，完成本例的制作，效果如图3-56所示。

图3-55 添加投影

图3-56 最终效果

实例18 符号喷枪——愤怒的小鸟

实例 目的

本实例的目的是让大家了解在 Illustrator 中使用"符号"面板中与之对应的符号，以及符号喷枪工具进行绘制符号和对符号进行填色与缩放的方法来制作愤怒的小鸟图像，如图3-57所示为绘制流程图。

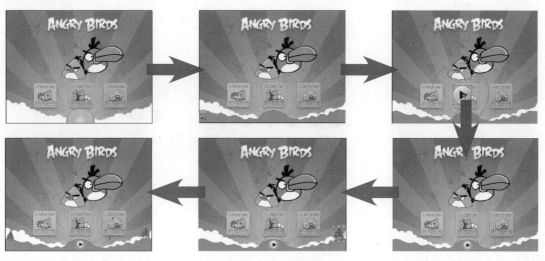

图3-57 绘制流程图

实例 重点

- ★ 置入命令导入素材
- ★ 使用钢笔工具绘制形状
- ★ "符号"面板
- ★ 使用符号喷枪工具

实例 步骤

SETP 1 执行菜单中的"文件/新建"命令，新建一个空白文档，执行菜单中的"文件/置入"命令，置入随书附带光盘中的"素材/第3章/小鸟插画"素材，如图3-58所示。

SETP 2 使用 （钢笔工具）在素材底部绘制路径，将其填充为绿色，如图3-59所示。

图3-58 置入的素材

图3-59 路径

SETP 3 执行菜单中的"窗口/符号"命令，打开"符号"面板，单击"符号库菜单"按钮，在弹出的菜单中选择"移动"选项，如图3-60所示。

SETP 4 选择"移动"选项后，打开"移动"面板，单击"播放"按钮，将其添加到"符号"面板中，如图3-61所示。

◀ 图3-60 选择"移动"

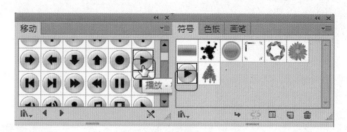

◀ 图3-61 面板

SETP 5 使用 （符号喷枪工具）在文档中单击，将符号绘制到文档中，如图3-62所示。

SETP 6 符号绘制完毕后，使用 （符号缩放工具）按住Alt键将符号缩小，并将其移动到相应位置，效果如图3-63所示。

◀ 图3-62 绘制符号

◀ 图3-63 缩小符号

技 巧

使用 （符号缩放工具）对符号进行缩放时，直接单击会将其放大，而按住Alt键单击可以将其缩小。

SETP 7 执行菜单中的"效果/风格化/外发光"命令，打开"外发光"对话框，其中的参数设置如图3-64所示。

SETP 8 设置完毕单击"确定"按钮，效果如图3-65所示。

图3-64　"外发光"对话框

图3-65　添加外发光

SETP 9 ▶ 在"符号"面板中单击"符号库菜单"按钮，在弹出的菜单中选择"自然"选项，打开"自然"面板，选择"树木1"后单击，将其放置到"符号"面板中，如图3-66所示。

SETP10 ▶ 使用 （符号喷枪工具）在文档中单击鼠标，将符号绘制到文档中，调整大小后移动到相应位置，如图3-67所示。

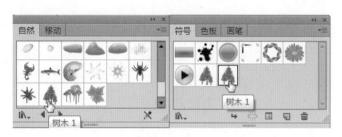

图3-66　面板

图3-67　插入符号

SETP11 ▶ 将填充色设置为绿色，使用 （符号着色工具）在树木1上单击，为其填充颜色，如图3-68所示。

SETP12 ▶ 着色完毕后，复制树木1，将其移动到左边，完成本例的制作，效果如图3-69所示。

图3-68　着色

图3-69　最终效果

实例19　路径橡皮擦——小猫

实例 目的

本实例的目的是让大家了解在 Illustrator 中使用椭圆工具、直接选择工具、路径橡皮擦工具和轮廓化描边绘制小猫，使用渐变填充和剪贴蒙版制作背景，如图3-70所示为绘制流程图。

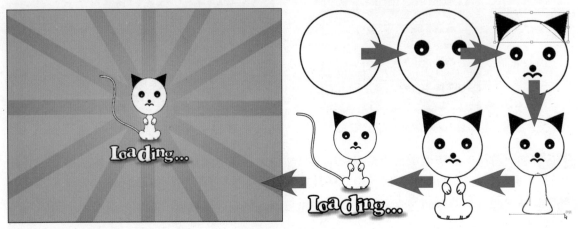

图3-70 绘制流程图

实例 重点

* 椭圆工具
* 钢笔工具
* 多边形工具
* 直接选择工具

* 路径橡皮擦工具
* 旋转变换
* 剪贴蒙版

实例 步骤

SETP 1 首先绘制本例中的卡通猫。执行菜单中的"文件/新建"命令，新建一个空白文档，使用 （椭圆工具）按住Shift键在文档中绘制正圆，设置填充为白色、描边为黑色，再绘制正圆猫眼，如图3-71所示。

图3-71 绘制正圆

SETP 2 使用 （椭圆工具）按住Shift键绘制黑色正圆作为猫的鼻子，使用 （钢笔工具）在鼻子下面绘制猫嘴曲线，设置"描边宽度"为2pt，如图3-72所示。

SETP 3 使用 （多边形工具）在头部上面绘制多边形，按键盘上的向下键，将边数减少到三边形，效果如图3-73所示。

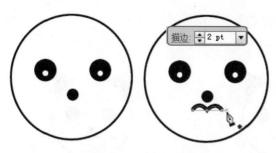

◀ 图3-72 绘制鼻子和嘴 　　　　　　　　◀ 图3-73 绘制耳朵

SETP 4 ▸ 单击 (镜像工具) 按钮,打开"镜像"对话框,设置参数后单击"复制"按钮,复制一个翻转副本,如图3-74所示。

SETP 5 ▸ 将副本移动到左边相应的位置,选择两个耳朵,按Ctrl+[键将其向后调整顺序,多按几次直到变为头部在耳朵后面为止,如图3-75所示。

◀ 图3-74 镜像复制 　　　　　　　　◀ 图3-75 改变位置依顺序

SETP 6 ▸ 使用 (椭圆工具) 绘制一个椭圆作为猫的身体,改变顺序后使用 (直接选择工具) 调整猫的身体形状,如图3-76所示。

SETP 7 ▸ 使用 (椭圆工具) 绘制猫的四肢,如图3-77所示。

◀ 图3-76 绘制猫身并调整 　　　　　　　　◀ 图3-77 绘制四肢

SETP 8 ▸ 选择一只脚,使用 (路径橡皮擦工具) 在路径上涂抹,此时会将路径擦除,再使用同样的方法对另一只脚的路径进行擦除，效果如图3-78所示。

SETP 9 ▶ 使用 ▱（直线段工具）绘制黑色线条，如图3-79所示。

◀ 图3-78 擦除路径

◀ 图3-79 绘制线条

SETP10 ▶ 下面绘制猫尾巴。使用 ▱（画笔工具）在文档中进行绘制，选择猫尾巴，按 Shift+Ctrl+[键将其调整到最底层，如图3-80所示。

SETP11 ▶ 执行菜单中的"对象/路径/轮廓化描边"命令，将画笔转换为路径，设置填充为白色，描边为黑色，效果如图3-81所示。

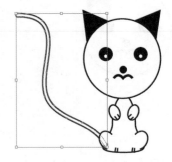

◀ 图3-80 绘制猫尾巴

◀ 图3-81 转换为路径并填充

SETP12 ▶ 使用 ▱（椭圆工具）在猫底部绘制黑色椭圆，效果如图3-82所示。

SETP13 ▶ 执行菜单中的"效果/模糊/高斯模糊"命令，打开"高斯模糊"对话框，其中的参数设置如图3-83所示。

◀ 图3-82 绘制椭圆

◀ 图3-83 "高斯模糊"对话框

SETP14 设置完毕单击"确定"按钮，模糊后按Shift+Ctrl+[键将其调整到最底层，在"透明度"面板中设置"混合模式"为"正片叠底"、"不透明度"为60%，效果如图3-84所示。

SETP15 使用 T（文本工具）输入文字，如图3-85所示。

◀ 图3-84 调整顺序并设置不透明度

◀ 图3-85 输入文字

SETP16 选择文字后，执行菜单中的"文字/创建路径"命令，将文字转换为路径，如图3-86所示。

SETP17 执行菜单中的"对象/取消编组"命令，将路径打散，并将打散后的文字进行相应的移动，如图3-87所示。

◀ 图3-86 转换为路径

◀ 图3-87 打散并移动

SETP18 使用制作小猫阴影的方法为每个文字制作阴影，效果如图3-88所示。

SETP19 下面制作背景，使用 □（矩形工具）绘制一个"宽度"为180mm、"高度"为135mm的矩形，在"渐变"面板中设置渐变色为从绿色到青色的径向渐变，效果如图3-89所示。

◀ 图3-88 添加阴影完成小猫部分的制作

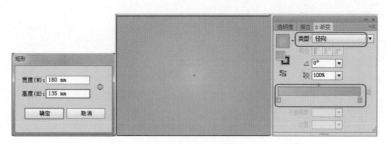

◀ 图3-89 填充渐变

SETP20 使用 ▣（矩形工具）绘制一个黑色矩形，如图3-90所示。

SETP21 使用 ◎（旋转工具）按住Alt键在中心位置单击，调出旋转中心点的同时，打开"旋转"对话框，设置"角度"为30°，如图3-91所示。

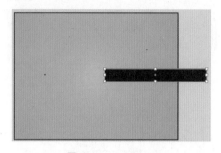

◀ 图3-90 绘制矩形

◀ 图3-91 设置角度

SETP22 单击"复制"按钮进行旋转复制，按Ctrl+D键继续进行旋转复制，直到旋转一周为止，如图3-92所示。

SETP23 将旋转后的矩形全部选取，执行菜单中的"窗口/路径查找器"命令，打开"路径查找器"面板，单击"联集"选项，将其接合为一个对象，如图3-93所示。

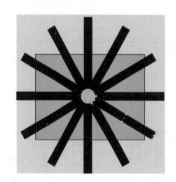

◀ 图3-92 旋转复制

◀ 图3-93 联集

SETP24 在"渐变"面板中，设置从淡绿色到橘色的径向渐变，如图3-94所示。

SETP25 绘制一个与后面背景大小一致的矩形框，并将其与联集的对象一同选取，执行菜单中的"对象/剪贴蒙版/建立"命令，为其进行剪贴蒙版，效果如图3-95所示。

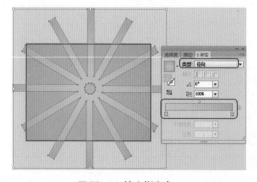

◀ 图3-94 填充渐变色

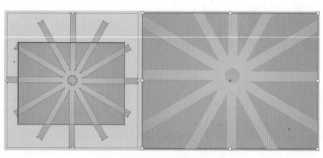

◀ 图3-95 剪贴蒙版

SETP26 ▸ 在"透明度"面板中设置"混合模式"为"变暗",至此背景制作完毕,效果如图3-96所示。

SETP27 ▸ 将之前绘制的小猫移动到背景上,完成本例的制作,效果如图3-97所示。

◂ 图3-96 混合模式

◂ 图3-97 最终效果

| 实例20 分割下方对象——太极球 🔍 ➡

实例 ▸ 目的 🖙

本实例的目的是让大家了解在 Illustrator 中通过"分割下方对象"命令将两个正圆进行分割,再通过"路径查找器"面板联集对象,如图 3-98 所示为绘制流程图。

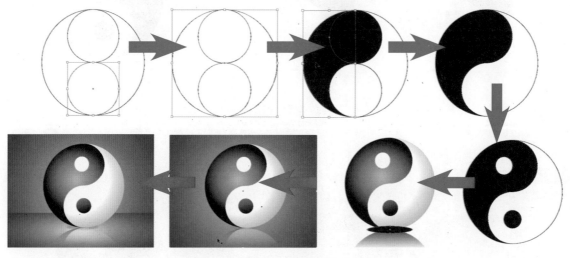

◂ 图3-98 绘制流程图

实例 ▸ 重点 🖙

★ 了解椭圆工具的使用

★ 了解"分割下方对象"命令的使用

★ 了解"路径查找器"面板的使用

★ 填充渐变

★ 设置混合模式

实例 步骤

SETP 1 执行菜单中的"文件/新建"命令，新建一个空白文档，使用 （椭圆工具）在文档中绘制一个长与宽都为100mm的正圆和两个长与宽都为50mm的正圆，如图3-99所示。

SETP 2 分别选择小圆，执行菜单中的"对象/路径/分割下方对象"命令，效果如图3-100所示。

SETP 3 选择左面的图形填充黑色，效果如图3-101所示。

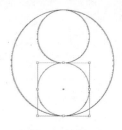
◀图3-99 绘制正圆

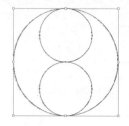
◀图3-100 分割下方对象

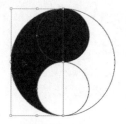
◀图3-101 填充

SETP 4 将正圆与分割后的对象一同选取，执行菜单中的"窗口/路径查找器"命令，打开"路径查找器"面板，单击"联集"按钮，将其接合，效果如图3-102所示。

SETP 5 再绘制两个正圆，一个为白色，一个为黑色，如图3-103所示。

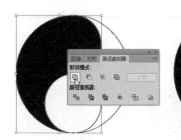
◀图3-102 联集

◀图3-103 绘制正圆

SETP 6 绘制一个长与宽为100mm的正圆，放置到太极图形的上面，执行菜单中的"窗口/渐变"命令，打开"渐变"面板，设置"类型"为"径向"，渐变色为从白色到黑色，使用 （渐变工具）绘制渐变色，如图3-104所示。

SETP 7 执行菜单中的"窗口/透明度"命令，打开"透明度"面板，设置"混合模式"为"强光"、"不透明度"为60%，效果如图3-105所示。

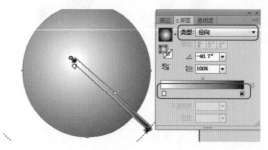
◀图3-104 渐变

◀图3-105 设置混合

SETP 8 ▶ 框选整个太极球图形，按Ctrl+G键编组，单击 ▦（镜像工具）按钮，在打开的"镜像"对话框中设置参数后单击"复制"按钮，得到副本后向下移动，如图3-106所示。

SETP 9 ▶ 在"透明度"面板中单击"制作蒙版"按钮，此时会添加一个蒙版，绘制一个矩形，在"渐变"面板中设置渐变参数之后，使用 ▦（渐变工具）绘制线性渐变，效果如图3-107所示。

◀ 图3-106 镜像

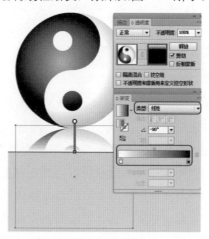

◀ 图3-107 编辑蒙版

SETP10 ▶ 绘制一个黑色椭圆，执行菜单中的"效果/模糊/高斯模糊"命令，打开"高斯模糊"对话框，设置参数后，单击"确定"按钮，应用模糊后调整不透明度，并调整顺序，效果如图3-108所示。

◀ 图3-108 高斯模糊

SETP11 ▶ 下面制作背景，绘制矩形后填充渐变色，效果如图3-109所示。

SETP12 ▶ 复制背景，将其缩小，完成本例的制作，效果如图3-110所示。

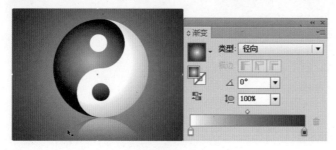

◀ 图3-109 渐变色

◀ 图3-110 最终效果

| 本章练习与小结　Q

练习

1. 练习"对象/变换"命令的使用方法。

2. 对位图进行描摹练习，使位图快速转换为矢量图。

3. 练习插入符号的使用。

习题

1. 将两个图形进行联集后，结果图形的颜色和哪个图形颜色相同？（　　　）

　A. 上边图形　　　　　　B. 下边图形　　　　　　C. 先选择的图形　　　　D. 后选择的图形

2. 执行菜单中的"对象/变换/再次变换"命令，下面的描述哪些是不正确的?（　　　）

　A. "再次变换"命令可以完成物体的多次固定距离的移动及复制

　B. "再次变换"命令可以完成物体的多次固定数值的旋转及复制

　C. "再次变换"命令可以完成物体的多次固定数值的倾斜及复制

　D. "再次变换"命令可以完成物体的多次固定数值的涡形旋转及复制

3. 在工具箱中选择"矩形工具"以后在页面中单击，会得到什么结果?（　　　）

　A. 弹出一个对话框，用于设置矩形相关选项

　B. 自动在页面上创建出一个默认大小的矩形

　C. 页面中的全部对象被选中

　D. 创建页面框架

4. 将选取对象向后移动一层的快捷键是？（　　　）

　A. Shift+Ctrl　　　　　　B. Ctrl+[　　　　　　　C. Ctrl+]　　　　　　　D. Shift+PgDn

5. 默认情况下，一个"绘图页面"中的所有对象的堆叠顺序是由什么因素决定的？（　　　）

　A. 由对象的大小决定

　B. 由对象的填充决定

　C. 由对象被添加到绘图中的次序决定

　D. 没有什么规律

6. 连接开放路径的两个端点，使之封闭的方法有下列哪几种?（　　　）

　A. 使用钢笔工具连接路径

　B. 使用铅笔工具连接路径

　C. 执行菜单中"对象/路径/连接"命令连接路径

　D. 使用"路径查找器"中的"联集"命令连接路径

小结

　　学习完本章后，读者应该了解 Illustrator 中对绘图后的效果进行编辑的方法和处理技术，从而大大提高使用 Illustrator 编辑图形的能力。

第4章

Illustrator CS6

┃文字的特效制作与编辑应用

在设计中,文字是不可缺少的,它在设计中往往可以起到画龙点睛的作用。任何设计如果离开了文字的参与,会使预览者不能快速了解设计的主题。

通过对前面章节的学习,大家已经对Illustrator软件绘制与编辑图形的强大功能有了初步了解,下面再带领大家使用Illustrator对文字部分进行编辑,使大家了解平面设计中文字的魅力。

┃本章重点

- 剪贴蒙版——蒙版字
- 投影与内发光——发光字
- 混合——层叠字
- 扩展——创意字
- 外观——金属字
- 3D——立体字
- 膨胀与收缩——刺猬字

实例21　剪贴蒙版——蒙版字 🔍

实例 目的

本实例的目的是让大家了解在 Illustrator 中通过"剪贴蒙版"制作蒙版字的方法，如图 4-1 所示为蒙版字的设计过程。

◀图4-1　绘制流程图

实例 重点

★ 了解文字工具的使用 　　　★ 将文字进行扩展
★ 建立剪贴蒙版 　　　　　　★ 将文字变为矢量图

实例 步骤

SETP 1　执行菜单中的"文件/新建"命令，新建一个空白文档，置入随书附带光盘中的"素材/第4章/蜘蛛侠"素材，如图4-2所示。

SETP 2　单击属性栏中的"嵌入"按钮，将素材嵌入到新建的文档中，效果如图4-3所示。

◀图4-2　置入素材

◀图4-3　嵌入

SETP 3 再置入随书附带光盘中的"素材/第4章/蜘蛛"素材,单击"嵌入"按钮,将蜘蛛图形嵌入,如图4-4所示。

SETP 4 使用 T（文本工具）在文档中输入文字"THE-AMAZING SPIDER-MAN",如图4-5所示。

技 巧

选择 T（文本工具）后,在文档中拖动可以创建段落文本框,在其中可以键入段落文本。

◀图4-4 置入　　　　　　◀图4-5 键入文字

SETP 5 设置文字字体,将上面一行的大小设置为18pt,下面一行的大小设置为36pt,效果如图4-6所示。

技 巧

输入并选择文字,在字体文本框中选择某种字体后,在键盘上按上下方向键可以随机预览选择的字体效果。

◀图4-6 设置文字

SETP 6 执行菜单中的"窗口/文字/字符"命令,打开"字符"面板,设置"行距"为27pt,效果如图4-7所示。

SETP 7 执行菜单中的"对象/扩展"命令,打开"扩展"对话框,其中的参数设置如图4-8所示。

◀图4-7 编辑文字　　　　　　◀图4-8 "扩展"对话框

SETP 8 ▶ 设置完毕单击"确定"按钮，效果如图4-9所示。

◀ 图4-9 扩展后

SETP 9 ▶ 将文字移动到"蜘蛛"素材上面，如图4-10所示。

SETP10 ▶ 将文字路径与"蜘蛛"一同选取，执行菜单中的"对象/剪贴蒙版/建立"命令，将图形放置到文字内，效果如图4-11所示。

SETP11 ▶ 使用 ▶ （选择工具）将文字进行相应的旋转，效果如图4-12所示。

◀ 图4-10 移动　　　　　◀ 图4-11 剪贴蒙版　　　　　◀ 图4-12 隐藏轮廓

SETP12 ▶ 为剪贴后的文字设置描边为白色，效果如图4-13所示。

SETP13 ▶ 执行菜单中的"效果/风格化/投影"命令，打开"投影"对话框，其中的参数设置如图4-14所示。

SETP14 ▶ 设置完毕单击"确定"按钮，完成本例的制作，效果如图4-15所示。

◀ 图4-13 描边　　　　　◀ 图4-14 "投影"对话框　　　　　◀ 图4-15 最终效果

实例22　投影与内发光——发光字

实例 ▶ **目的**

　　本实例的目的是让大家了解在 Illustrator 中将文字创建为路径后渐变填充、描边并应用"投影与内发光"命令得到发光字的效果，如图 4-16 所示为绘制流程图。

图4-16　绘制流程图

实例　重点

- ❋ 置入素材嵌入后进行锁定
- ❋ 键入美术字
- ❋ 通过"字符"面板设置字母间距
- ❋ 将文字创建路径
- ❋ 填充渐变色进行描边
- ❋ 应用"投影"命令
- ❋ 应用"内发光"命令

实例　步骤

SETP 1 执行菜单中的"文件/新建"命令，新建一个空白文档，置入随书附带光盘中的"素材/第4章/鱼"素材，单击属性栏中的"嵌入"按钮，如图4-17所示。

SETP 2 执行菜单中的"对象/锁定/所选对象"命令，将素材进行锁定，此时在上面编辑时将不会对已锁定的对象起作用。

SETP 3 使用 🅣（文本工具），在背景上选择起始点，键入美术字，设置字体和文字大小，如图4-18所示。

技　巧

如果想将锁定的对象进行解锁。只要执行菜单中的"对象/全部解锁"命令即可。

图4-17　置入素材

图4-18　键入文字

SETP 4 执行菜单中的"窗口/文字/字符"命令，打开"字符"面板，设置"字间距"为200，效果如图4-19所示。

SETP 5 再执行菜单中的"文字/创建轮廓"命令，将文字转换为填充与描边，打开"渐变"面板，设置从白色到黑色的线性渐变，角度为45°，效果如图4-20所示。

图4-19　设置字间距

图4-20　设置渐变填充

SETP 6 设置"描边颜色"为黄色、"宽度"为2pt，效果如图4-21所示。

SETP 7 执行菜单中的"对象/取消编组"命令，将文字分离，选择其中的第一个字母，如图4-22所示。

图4-21 描边

图4-22 取消编组

SETP 8 执行菜单中的"效果/风格化/投影"命令，打开"投影"对话框，其中的参数设置如图4-23所示。

SETP 9 设置完毕单击"确定"按钮，效果如图4-24所示。

图4-23 "投影"对话框

图4-24 添加投影

SETP10 执行菜单中的"效果/风格化/内发光"命令，打开"内发光"对话框，其中的参数设置如图4-25所示。

SETP11 设置完毕单击"确定"按钮，效果如图4-26所示。

SETP12 使用同样的方法为剩下的三个字母添加"投影"和"内发光"效果，至此完成本例的制作，效果如图4-27所示。

图4-25 "内发光"对话框

图4-26 添加内发光

图4-27 最终效果

实例23 混合——层叠字 🔍

实例 目的

本实例的目的是让大家了解在 Illustrator 中通过"建立混合"命令创建对象之间的调和效果，

并结合"剪贴蒙版"制作高光区域，如图 4-28 所示为绘制流程图。

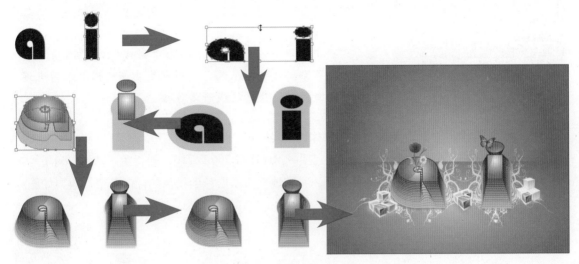

图4-28 绘制流程图

实例　重点

* 键入文字创建轮廓
* 偏移路径
* 取消编组
* 创建混合

* 调整对象位置设置混合步数
* 设置"高斯模糊"调整不透明度
* 为粘贴的对象设置混合模式

实例　步骤

SETP 1 ▶ 执行菜单中的"文件/新建"命令，新建一个空白文档后，使用 T（文本工具）在文档中键入字母ai，设置与之对应的文字大小和文字字体，如图4-29所示。

SETP 2 ▶ 执行菜单中的"文字/创建轮廓"命令，将文字转换成路径，按Shift+Ctrl+G键取消编组，将文字分离并将字母移动到相应位置，如图4-30所示。

SETP 3 ▶ 框选两个字母后，使用 （自由变换工具）将文字变矮，如图4-31所示。

图4-29 键入文字　　　　图4-30 文字分离并移动位置　　　　图4-31 变换文字

SETP 4 ▶ 执行菜单中的"对象/路径/偏移路径"命令，打开"偏移路径"对话框，其中的参数设置如图4-32所示。

◀ 图4-32 "偏移路径"对话框

提 示

"位移"选项用来设置扩展与收缩，正数为扩展，负数为收缩；"连接"选项用于设置角点连接处的形状，在选项中共有三个选项，分别为"斜接"、"圆角"和"斜角"；"斜接限制"选项设置在何种情况下角点连接处由斜接连接切换成斜角连接。

SETP 5 ▶ 设置完毕单击"确定"按钮，效果如图4-33所示。

SETP 6 ▶ 选择偏移扩展后的对象，将其填充值为（R:118 G:200 B:210）的青色，如图4-34所示。

SETP 7 ▶ 选择未偏移扩展的对象向上移动后，将其填充为从白色到粉色的径向渐变，效果如图4-35所示。

◀ 图4-33 偏移路径后 　　　　　 ◀ 图4-34 填充 　　　　　 ◀ 图4-35 填充渐变色

SETP 8 ▶ 扩选左边的位置与偏移扩展的对象，执行菜单中的"对象/混合/建立"命令，建立混合，如图4-36所示。

SETP 9 ▶ 执行菜单中的"对象/混合/混合选项"命令，系统会打开"混合选项"对话框，设置参数后单击"确定"按钮，效果如图4-37所示。

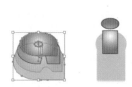

◀ 图4-36 创建混合 　　　　　　　　　 ◀ 图4-37 编辑混合后

技 巧

使用 ▣（混合工具）在两个对象上拖动，同样会在两个对象之间创建混合效果。

技 巧

创建混合后，在 ▣（混合工具）上双击鼠标，系统同样会弹出"混合选项"对话框。

SETP10 使用同样的方法，再为另一边的文字制作混合效果，如图4-38所示。

SETP11 使用 ● （椭圆工具）绘制一个红色椭圆，使用 ▶ （直接选择工具）调整椭圆的形状，效果如图4-39所示。

 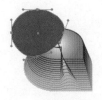

◀ 图4-38 添加混合　　　　　　　　　◀ 图4-39 调整形状

SETP12 使用 ▶ （直接选择工具）选择混合文字最上面的文字，按Ctrl+C键复制，再按Ctrl+Shift+V键进行粘贴，效果如图4-40所示。

SETP13 将复制的对象与椭圆一同选取，执行菜单中的"对象/剪贴蒙版/建立"命令，为其创建剪贴蒙版，设置"不透明度"为30%，效果如图4-41所示。

SETP14 使用同样的方法制作另一文字的高光，效果如图4-42所示。

 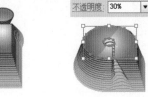 

◀ 图4-40 复制　　　　　◀ 图4-41 剪贴蒙版　　　　　◀ 图4-42 添加高光

SETP15 下面制作投影，使用 ▶ （直接选择工具）选择混合文字中最下层的对象，按Ctrl+C键复制，再按Ctrl+B键粘贴到后面，将其填充为黑色，执行菜单中的"效果/模糊/高斯模糊"命令，打开"高斯模糊"对话框，设置参数后单击"确定"按钮，效果如图4-43所示。

SETP16 设置"不透明度"为40%，效果如图4-44所示。

SETP17 使用同样的方法制作另一文字的效果，如图4-45所示。

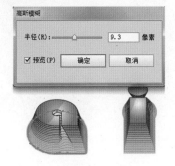 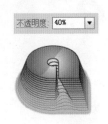 

◀ 图4-43 模糊　　　　　◀ 图4-44 设置不透明度　　　　　◀ 图4-45 添加投影

SETP18 为文字制作矩形渐变背景，效果如图4-46所示。

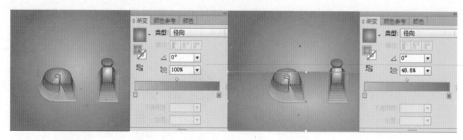

图4-46 背景

SETP19 打开随书附带光盘中的"素材/第4章/蝴蝶、植物、立方体"，将素材中的对象复制到当前文档中，设置花纹的"混合模式"为"叠加"，其他素材只需调整大小即可，效果如图4-47所示。

SETP20 至此完成本例的制作，效果如图4-48所示。

图4-47 移入素材

图4-48 最终效果

实例24 扩展——创意字

实例 目的

本实例的目的是让大家了解在 Illustrator 中通过"扩展"命令将文字转换为矢量图，取消编组后对个别文字进行编辑，如图 4-49 所示为绘制流程图。

图4-49 绘制流程图

实例 重点

- ✦ 键入文字
- ✦ 通过"扩展"命令将文字转换为矢量图
- ✦ 取消编组

- ✦ 移动对象位置进行分布处理
- ✦ 绘制椭圆并使用直接选择工具调整形状
- ✦ 拖出符号

实例 步骤

SETP 1 执行菜单中的"文件/新建"命令，新建一个空白文档，使用 T（文本工具）在文档中输入文字love，如图4-50所示。

SETP 2 执行菜单中的"对象/扩展"命令，打开"扩展"对话框，其中的参数设置如图4-51所示。

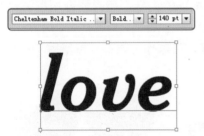

技 巧

通过"扩展"命令或"创建轮廓"命令可以将文字转换为矢量图，使其具有填充和描边，但是转换为矢量图后，文字将不再具有文字所具有的特性。

◀ 图4-50 输入文字　　　◀ 图4-51 "扩展"对话框

SETP 3 设置完毕单击"确定"按钮，效果如图4-52所示。

SETP 4 执行菜单中的"对象/取消编组"命令，将对象分离，使用 （选择工具）选择单个对象，将其进行移动，效果如图4-53所示。

SETP 5 框选四个对象，执行菜单中的"窗口/对齐"命令，打开"对齐"面板，单击"水平右分布"按钮，效果如图4-54所示。

◀ 图4-52 扩展后　　　◀ 图4-53 取消编组移动对象　　　◀ 图4-54 分布

提示

对选取的对象进行分布时，水平方向上可以按照水平左分布、水平居中分布和水平右分布，如图4-55所示。

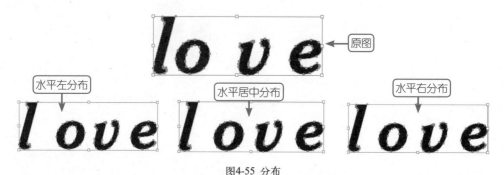

图4-55 分布

SETP 6 选取字母O，按Delete键将其删除，使用 （椭圆工具）绘制一个红色椭圆，使用 （添加锚点工具）在顶部锚点两侧添加锚点，再使用 （直接选择工具）调整椭圆的形状，如图4-56所示。

SETP 7 绘制黑色椭圆，使用 （直接选择工具）调整椭圆形状，将其作为眼睛，再使用（铅笔工具）绘制黑色睫毛，如图4-57所示。

图4-56 绘制正圆并调整形状　　　　　　　　　　　　　　　图4-57 绘制眼睛

SETP 8 使用同样的方法制作另一只眼睛，再绘制正圆鼻孔，调整椭圆得到嘴巴的形状，效果如图4-58所示。

SETP 9 使用 （钢笔工具）绘制手臂与手，效果如图4-59所示。

SETP10 使用 （椭圆工具）绘制脚部，如图4-60所示。

图4-58 绘制鼻孔与嘴　　　　　　图4-59 绘制手臂与手　　　　　　图4-60 绘制脚

SETP11 执行菜单中的"窗口/符号"命令，打开"符号"面板，单击"符号库菜单"按钮，在弹出的菜单中选择"庆祝"，打开"庆祝"面板，如图4-61所示。

SETP12 选择"庆祝"面板中的"面具"，将其拖动到文档中，调整大小后的效果如图4-62所示。

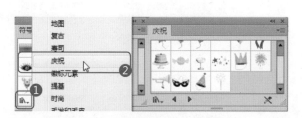

◁ 图4-61 面板

◁ 图4-62 插入符号

SETP13▷ 再为第一个字母进行卡通化人物制作，过程如图4-63所示。

SETP14▷ 为另外两个文字进行卡通化处理，效果如图4-64所示。

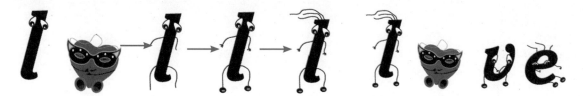

◁ 图4-63 编辑 ◁ 图4-64 编辑

SETP15▷ 框选所有的对象，单击▦（镜像工具），打开"镜像"对话框，设置参数后单击"复制"按钮，效果如图4-65所示。

SETP16▷ 将翻转后的对象向下移动，效果如图4-66所示。

◁ 图4-65 翻转

◁ 图4-66 移动

SETP17▷ 此时制作倒影，对翻转后的对象脚部进行移动，效果如图4-67所示。

SETP18▷ 框选翻转的对象，执行菜单中的"窗口/透明度"命令，打开"透明度"面板，单击"制作蒙版"按钮，为对象添加蒙版，效果如图4-68所示。

◀图4-67 移动

◀图4-68 添加蒙版

SETP19 选择蒙版缩略图，使用■（矩形工具）绘制矩形，效果如图4-69所示。

◀图4-69 编辑蒙版

SETP20 执行菜单中的"窗口/渐变"命令，打开"渐变"面板，其中的参数设置如图4-70所示。

SETP21 在"透明度"面板中选择图像缩略图，此时文字部分制作完毕，效果如图4-71所示。

◀图4-70 渐变编辑蒙版

◀图4-71 文字

SETP22 为文字制作渐变背景，效果如图4-72所示。

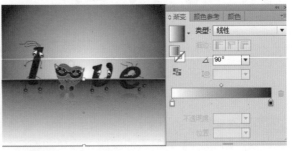

◀图4-72 渐变背景

SETP23 至此"创意字"实例制作完毕，效果如图4-73所示。

◀ 图4-73 最终效果

实例25 外观——金属字

实例 目的

本实例的目的是让大家了解在 Illustrator 中通过"外观"面板对文字新建填充色，并为其设置渐变颜色和描边来制作金属字的效果，如图 4-74 所示为绘制流程图。

◀ 图4-74 绘制流程图

实例 重点

✦ 键入文字
✦ 在"外观"面板中新建填充色
✦ 设置渐变色
✦ 为描边设置渐变色

实例 步骤

SETP 1 执行菜单中的"文件/新建"命令，新建一个空白文档，使用 T（文本工具）在文档中键入文字，如图4-75所示。

◀ 图4-75 键入文字

提 示

键入的文字是不能直接填充渐变色的。如果想为其填充渐变色，需要先为其创建轮廓，再进行渐变填充，此时会发现，水平填充的渐变色会单独以文字中的字母为单位进行渐变填充，如图4-76所示。

提 示

水平填充渐变色

垂直填充渐变色

◀ 图4-76 填充渐变色

技 巧

如果想将文字进行渐变填充但是又不破坏文字特性，可以通过在"外观"面板中新建填充色来解决这一问题。

SETP 2 文字键入完毕后，执行菜单中的"窗口/外观"命令，打开"外观"面板，在弹出的菜单中选择"添加新填色"，如图4-77所示。

◀ 图4-77 "外观"面板

技 巧

在"外观"面板中，要为文字添加新填色或添加新描边，可以直接在面板中单击 □ ■ "添加新填色或添加新描边"按钮来进行快速填充。

SETP 3 选择"填色"，执行菜单中的"窗口/渐变"命令，打开"渐变"面板，设置从白色到黑色的线性渐变，如图4-78所示。

SETP 4 在"渐变"面板中设置渐变效果，改变角度为-90°，效果如图4-79所示。

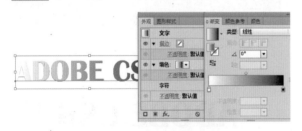

◀ 图4-78 设置渐变色

从左到右的颜色依次为灰色、白色、黑色和灰色

◀ 图4-79 渐变色

SETP 5 在"外观"面板中单击"描边"色块，设置"颜色"为黑色、"宽度"为1.5pt，如图4-80所示。

◀ 图4-80 设置描边

SETP 6 在"渐变"面板中设置"描边"的渐变色，效果如图4-81所示。

SETP 7 此时金属字制作完毕，使用▭（矩形工具）绘制一个黑色矩形作为背景，最终效果如图4-82所示。

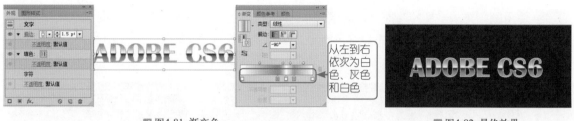

图4-81　渐变色　　　　　　　　　　　　　　　　　　　　　　图4-82　最终效果

实例26　3D——立体字

实例 ▶ 目的

　　本实例的目的是让大家了解在 Illustrator 中使用 3D 效果制作立体字的方法，如图 4-83 所示为绘制流程图。

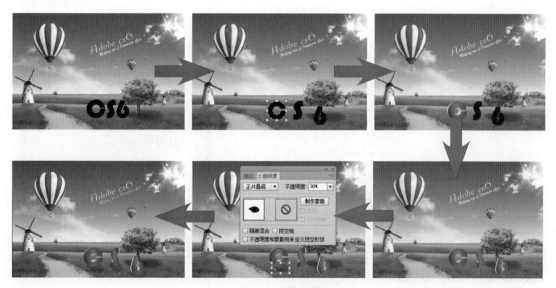

图4-83　绘制流程图

实例 ▶ 重点

★　键入文字

★　自定义符号

★　3D 效果

实例 步骤

SETP 1 执行菜单中的"文件/新建"命令，新建一个空白文档，置入随书附带光盘中的"素材/第4章/草地"素材，单击属性栏中的"嵌入"按钮，将其嵌入到文档中，如图4-84所示。

SETP 2 使用 T（文本工具）选择合适的字体与大小后，在文档中键入文字，如图4-85所示。

SETP 3 执行菜单中的"文字/创建轮廓"命令，将文字转换为矢量图，再按Ctrl+Shift+G键取消编组，将分离后的文字对象移到相应位置，如图4-86所示。

◀图4-84 置入素材

◀图4-85 键入文字

◀图4-86 移动分离后的对象

SETP 4 置入随书附带光盘中的"素材/第4章/纹理2"素材，单击"嵌入"按钮，将其嵌入到文档中，执行菜单中的"窗口/符号"命令，打开"符号"面板，单击"创建符号"按钮，如图4-87所示。

SETP 5 单击"新建符号"按钮后，系统会弹出如图4-88所示的对话框。

◀图4-87 符号

◀图4-88 新建符号

SETP 6 单击"确定"按钮，将"纹理2"添加到"符号"面板中，将置入的"文理2"删除，选择字母C，执行菜单中的"效果/3D/凸出与斜角"命令，打开"3D凸出与斜角选项"对话框，参数设置如图4-89所示。

SETP 7 单击"贴图"按钮，打开"贴图"对话框，参数设置如图4-90所示。

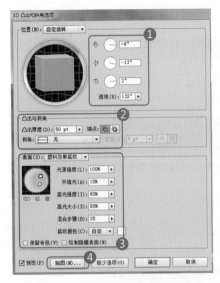
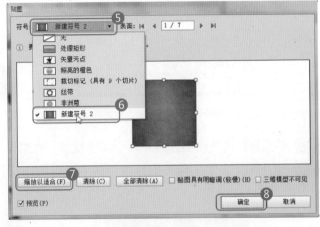

图4-89 "3D凸出与斜角选项"对话框　　　　　图4-90 "贴图"对话框

SETP 8　设置完毕单击"确定"按钮，回到"3D凸出与斜角选项"对话框中，再单击"确定"按钮，效果如图4-91所示。

SETP 9　使用同样的方法将另外两个字进行3D凸出并贴图，效果如图4-92所示。

图4-91 3D贴图后　　　　　　　　　　图4-92 3D贴图

SETP10　使用 ✐（铅笔工具）在文字底部绘制黑色区域，如图4-93所示。

SETP11　按Ctrl+[键多次，直到将黑影移到文字的后面为止，效果如图4-94所示。

图4-93 绘制区域　　　　　　　　　　图4-94 调整顺序

SETP12　执行菜单中的"效果/模糊/高斯模糊"命令，打开"高斯模糊"对话框，其中的参数设置如图4-95所示。

SETP13　设置完毕单击"确定"按钮，设置"混合模式"为"正片叠底"、"不透明度"为

30%，如图4-96所示。

图4-95 "高斯模糊"对话框

图4-96 模糊后设置透明

SETP14 使用同样的方法制作另外两个文字投影，效果如图4-97所示。

SETP15 使用 T （文本工具）选择合适的字体与大小后，在文档中键入文字，至此本例制作完毕，效果如图4-98所示。

图4-97 立体字

图4-98 最终效果

技 巧

创建后的3D立体化图像可以将其进行拆除，方法是执行菜单中的"对象/扩散外观"命令，此时立体化部分会和前面的文字分开，再执行菜单中的"对象/取消编组"命令，即可将立体化图形单独选取移动，过程如图4-99所示。

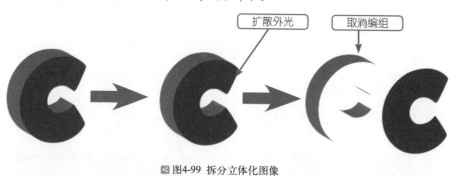

图4-99 拆分立体化图像

实例27 膨胀与收缩——刺猬字 Q

实例 目的

本实例的目的是让大家了解在 Illustrator 中使用"膨胀与收缩"命令制作文字刺猬效果的

方法，如图 4-100 所示为绘制流程图。

◀ 图4-100　绘制流程图

* 键入文字
* 填充孔雀色板
* "膨胀与收缩"命令

SETP 1 执行菜单中的"文件/新建"命令，新建一个空白文档，使用 ▣（文本工具）选择合适的字体与大小后，在文档中键入文字，如图4-101所示。

SETP 2 执行菜单中的"文字/创建轮廓"命令，将文字转换为矢量图，如图4-102所示。

SETP 3 执行菜单中的"窗口/色板"命令，打开"色板"面板，单击"色板库"菜单按钮，在弹出菜单中选择"图案/自然/自然_动物皮"选项，如图4-103所示。

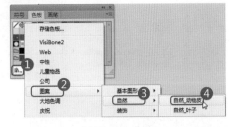

◀ 图4-101　键入文字　　　　　◀ 图4-102　创建轮廓　　　　　◀ 图4-103　色板

SETP 4 此时系统会弹出"自然_动物皮"面板，单击面板中的"孔雀"色标，此时会将文字填充为孔雀颜色，如图4-104所示。

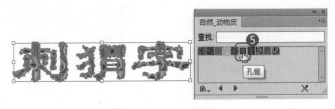

◀ 图4-104　填充孔雀颜色

> **提 示**
>
> 在"色板库"菜单的面板中选择相应色
> 标后，该色标会自动添加到"色板"面
> 板中，以方便以后调用，如图4-105所
> 示为将孔雀色标添加到面板中。

添加的孔
雀色标

图4-105 添加孔雀色标

SETP 5 执行菜单中的"效果/扭曲和变换/膨胀与收缩"命令，打开"收缩和膨胀"对话框，其
中的参数值设置如图4-106所示。

SETP 6 设置完毕单击"确定"按钮，效果如图4-107所示。

SETP 7 选择文字，单击 (镜像工具)，打开"镜像"对话框，其中的参数设置如图4-108所示。

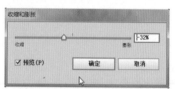

◁ 图4-106 "收缩和膨胀"对话框　　　　◁ 图4-107 膨胀与收缩后　　　　◁ 图4-108 "镜像"对话框

SETP 8 镜像复制后，将副本向下移动，执行菜单中的"窗口/透明度"命令，打开"透明度"面
板，单击"制作蒙版"按钮，选择蒙版缩略图，效果如图4-109所示。

◁ 图4-109 创建蒙版

SETP 9 使用 (矩形工具)在倒影处创建白色矩形，效果如图4-110所示。

SETP10 执行菜单中的"窗口/渐变"命令，打开"渐变"面板，设置从白色到黑色的-90°线性
渐变，如图4-111所示。

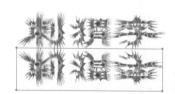

◁ 图4-110 蒙版　　　　　　　◁ 图4-111 渐变蒙版

SETP11 使用■（渐变工具）改变渐变的位置，效果如图4-112所示。

SETP12 在"透明度"面板中单击"图像"缩略图后，选择文字，执行菜单中的"效果/风格化/投影"命令，打开"投影"对话框，其中的参数设置如图4-113所示。

SETP13 设置完毕单击"确定"按钮，效果如图4-114所示。

◀图4-112 渐变　　　　　　◀图4-113 "投影"对话框　　　　　◀图4-114 添加投影

SETP14 在文字的后面绘制矩形，使用"渐变"面板进行设置，为其制作背景，效果如图4-115所示。

图4-115 背景

SETP15 至此本例制作完毕，效果如图4-116所示。

◀图4-116 最终效果

知识 拓展

　　在 Illustrator 中，文字工具组中还有其他的文字输入工具，包含区域文字工具、路径文字工具、直排文字工具、直排区域文字工具和直排路径文字工具，如图 4-117 所示为"文字"工具组，图 4-118 为各个工具的输入后效果。

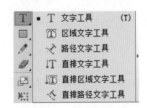

◀图4-117 "文字"工具组

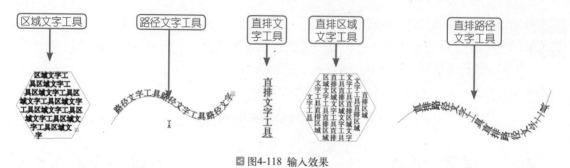

图4-118 输入效果

本章练习与小结 🔍 ➡️

练习

练习使用画笔库描边路径的方法。

习题

1. 下图为输入完毕、选中状态的文字，由图可判断它属于哪种?（　　　）

$$我爱学习$$

A. 美术字

B. 段落文字

C. 既不是美术字也不是段落文字

D. 可能是美术字，也可能是段落文字

2. 在下面的图中，是选中对象的状态，这说明什么?（　　　）

$$我爱学$$

A. 在其他的文本框中有链接的文本

B. 在这个文本框中还有没展开的文字

C. 这个已经不是文字，而被转换为曲线了

D. 只是表示当前这个文本块被选中，没有其他含义

小结

学习完本章后，读者应该了解 Illustrator 中文字编辑和应用的操作。文字作为设计中非常重要的一员，往往起到画龙点睛的作用，希望大家能够在本章的基础上进行更好的发挥，使文字充分被利用到平面设计中。

第5章

Illustrator CS6

| 图形的特殊编辑制作

通过对前面章节的学习，大家已经对如何在Illustrator软件中绘制图形并进行相应的编辑和处理，以及文字方面的知识有所了解，本章在之前的基础上继续对绘制的图形进行特殊处理，从而使对象更加具有视觉冲击力。

| 本章重点

- 路径生成器工具——心形格局
- 混合选项——组合线条
- 画笔与宽度工具——创意汽车插画
- 复合路径——齿轮
- 偏移路径——轮廓字
- 画笔描边路径——创意视觉
- 宽度工具——科幻
- 网格工具——吉祥物

实例28 路径生成器工具——心形格局 🔍

实例 **目的** ✍

本实例的目的是让大家了解在 Illustrator 中通过路径生成器对选取的两个路径进行编辑的方法，以及利用"路径查找器"面板进行合并，再对合并后的局部进行填充的方法，如图 5-1 所示为心形格局的绘制过程。

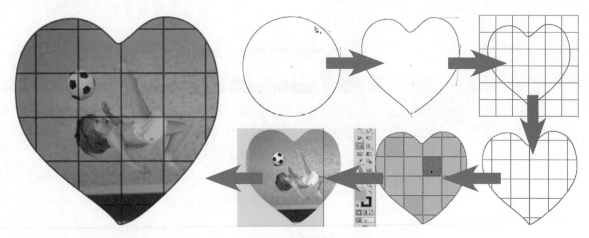

◀ 图5-1 绘制流程图

实例 **重点** ✍

★ 椭圆工具　　　　　　　　　★ 路径生成器工具的使用

★ 添加锚点　　　　　　　　　★ 设置混合模式与透明度

★ 直接选择工具调整形状

实例 **步骤** ✍

SETP 1 执行菜单中的"文件/新建"命令，新建一个空白文档，使用 ◯（椭圆工具）按住Shift键在文档中绘制一个正圆，再使用 ✐（添加锚点工具）在顶部锚点的两侧单击添加锚点，如图5-2所示。

SETP 2 使用 ▷（直接选择工具）调整正圆为心形，效果如图5-3所示。

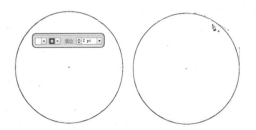

◀ 图5-2 绘制正圆路径并添加锚点

◀ 图5-3 调整形状

SETP 3 　复制一个心形，放置到一边以备后面使用，使用▦（矩形网格工具）在心形上面绘制网格，如图5-4所示。

SETP 4 　框选网格与心形，使用▣（路径生成器工具），按住Alt键在心形以外的网格上单击鼠标，将其删除，过程如图5-5所示。

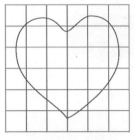

◁ 图5-4 绘制网格

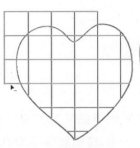

◁ 图5-5 删除

提　示

使用▦（矩形网格工具）绘制网格之前，可以单击▦（矩形网格工具）图标，打开"矩形网格工具选项"对话框，在其中可以设置网格的大小与网格数量。

SETP 5 　使用选择工具框选剩下的心形与网格，使用▣（路径生成器工具）将填充色设置为（C:25 M:25 Y:40 K:0），在网格中单击进行填色，效果如图5-6所示。

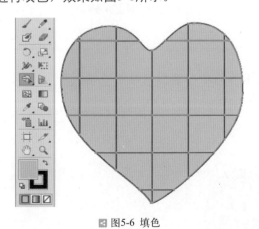

◁ 图5-6 填色

技　巧

使用▣（路径生成器工具）按住Alt键在矩形内单击可以对其进行删除，按住Shift键可以按创建的矩形框进行删除，如图5-7所示。

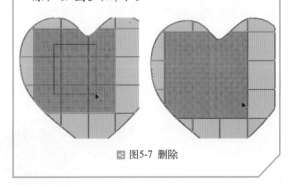

◁ 图5-7 删除

SETP 6 　将填充色设置为绿色，使用▣（路径生成器工具）将网格中的个别矩形填充为绿色，填充完毕后，将图形编组，效果如图5-8所示。

SETP 7 　置入随书附带光盘中的"素材/第5章/踢球"素材，单击属性栏中的"嵌入"按钮，将素材嵌入到文档中，将素材与副本心形一同选取，如图5-9所示。

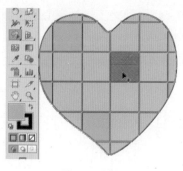

◁ 图5-8 填充

◁ 图5-9 选取

SETP 8 ▶ 执行菜单中的"对象/剪贴蒙版/建立"命令，效果如图5-10所示。

SETP 9 ▶ 执行菜单中的"对象/剪贴蒙版/编辑内容"命令，进入编辑状态，将踢球移动到相应位置，如图5-11所示。

SETP10 ▶ 完成编辑后，在空白处双击鼠标，移动心形到网格后面，选择网格，设置"混合模式"为"正片叠底"、"不透明度"为90%，如图5-12所示。

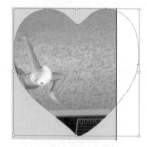

◁ 图5-10 建立剪贴蒙版

◁ 图5-11 编辑

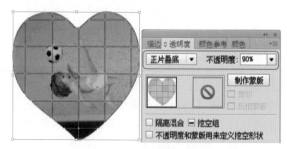

◁ 图5-12 设置不透明度

技 巧

在建立的剪贴蒙版区域双击鼠标，即可进入到编辑状态，在空白处单击鼠标即可完成编辑。

SETP11 ▶ 至此本例制作完毕，效果如图5-13所示。

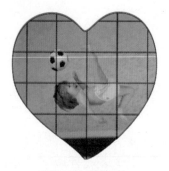

◁ 图5-13 最终效果

| 实例29 混合选项——组合线条 Q ➡

实例 目的

本实例的目的是让大家了解在 Illustrator 中对混合后的对象应用"镜像"复制或"旋转"复制的效果,如图 5-14 所示为绘制流程图。

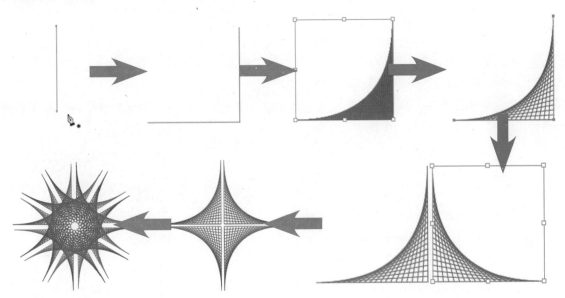

◀ 图5-14 绘制流程图

实例 重点

✦ 钢笔工具
✦ 复制旋转
✦ 创建混合
✦ 镜像复制
✦ 旋转复制

实例 步骤

SETP 1 执行菜单中的"文件/新建"命令,新建一个空白文档,使用 ☎(钢笔工具)绘制一条线段,如图5-15所示。

SETP 2 使用 ▶(选择工具)按住Alt键拖动鼠标,松开后会复制一个副本,如图5-16所示。

SETP 3 拖动控制点,将副本进行90°旋转,移到相应位置,将两条线段设置成不同的描边色,如图5-17所示。

SETP 4 框选两条线段,执行菜单中的"对象/混合/建立"命令,为两条线段创建混合效果,如图5-18所示。

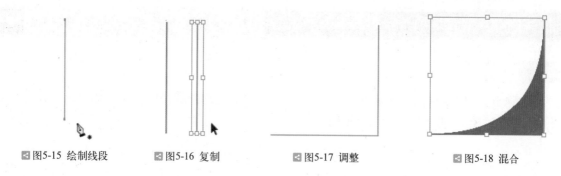

◀图5-15 绘制线段　　　　◀图5-16 复制　　　　　◀图5-17 调整　　　　　◀图5-18 混合

SETP 5 双击 （混合工具）图标，或执行菜单中的"对象/混合/混合选项"命令，都能打开"混合选项"对话框，其中的参数设置如图5-19所示。

SETP 6 设置完毕后单击"确定"按钮，双击 （镜像工具），打开"镜像"对话框，设置参数后单击"复制"按钮，得到一个副本，如图5-20所示。

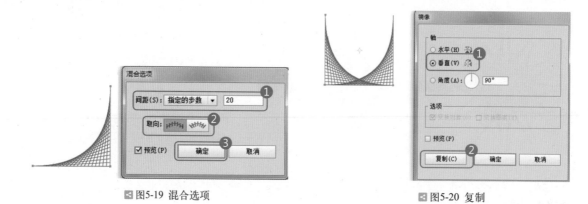

◀图5-19 混合选项　　　　　　　　　　　　◀图5-20 复制

SETP 7 向右移动副本到相应位置，效果如图5-21所示。

SETP 8 框选两个混合对象，双击 （镜像工具）打开"镜像"对话框，设置参数后单击"复制"按钮，得到一个副本，如图5-22所示。

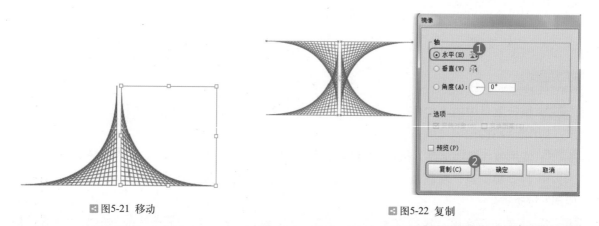

◀图5-21 移动　　　　　　　　　　　　　◀图5-22 复制

SETP 9 向下移动对象，完成效果如图5-23所示。

SETP10 复制其中的一个混合效果到一边,选择 (旋转工具),按住Alt键在右下角单击鼠标,此时会按照单击点作为中心点打开"旋转"对话框,如图5-24所示。

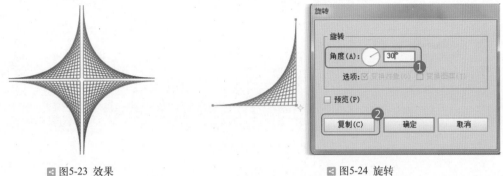

◤ 图5-23 效果　　　　　　　　　　　　　　　◤ 图5-24 旋转

SETP11 设置完毕单击"复制"按钮,系统会按照旋转中心点进行旋转复制,如图5-25所示。

SETP12 按Ctrl+D键继续进行复制直到旋转一周为止,效果如图5-26所示。

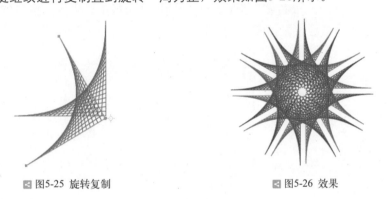

◤ 图5-25 旋转复制　　　　　　　　　　　　　◤ 图5-26 效果

实例30　画笔与宽度工具——创意汽车插画

实例 目的

　　本实例的目的是让大家了解在 Illustrator 中通过宽度工具对路径进行宽度调整,使其产生透视效果,再结合画笔和置入的素材完成创意汽车插画效果,如图 5-27 所示为绘制流程图。

实例 重点

　✦　渐变填充矩形
　✦　调整透明度
　✦　绘制螺旋线
　✦　使用宽度工具调整路径宽度
　✦　使用画笔绘制预设笔触

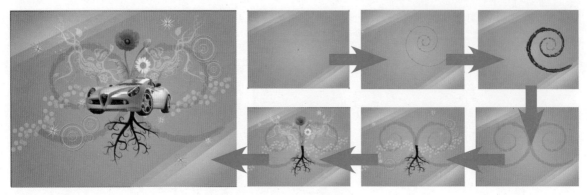

◀ 图5-27 绘制流程图

实例 步骤

SETP 1 ▶ 执行菜单中的"文件/新建"命令，新建一个空白文档，使用▢（矩形工具）在文档中绘制一个"宽度"为180mm、"高度"为135mm的矩形，执行菜单中的"窗口/渐变"命令，打开"渐变"面板，其中的参数设置如图5-28所示。

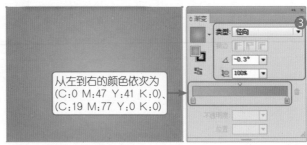

◀ 图5-28 绘制矩形并填充渐变色

SETP 2 ▶ 再绘制一个矩形，设置"渐变色"为"从白色到透明"的径向渐变，效果如图5-29所示。

SETP 3 ▶ 在"透明度"面板中设置"不透明度"为40%，效果如图5-30所示。

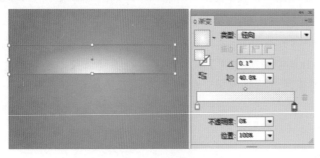

◀ 图5-29 填充渐变　　　　　　　　　◀ 图5-30 设置透明度

SETP 4 ▶ 复制对象并移动到左上角和右下角，设置"不透明度"为20%，效果如图5-31所示。

SETP 5 ▶ 绘制一个与背景大小一致的矩形，并将其与透明矩形一同选取，执行菜单中的"对象/剪贴蒙版/建立"命令，效果如图5-32所示。

SETP 6 使用 （螺旋线工具）绘制螺旋线，如图5-33所示。

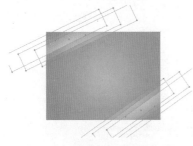

◄ 图5-31 复制

◄ 图5-32 剪贴蒙版

◄ 图5-33 绘制螺线

SETP 7 在属性栏中，设置"画笔定义"为"炭笔-羽毛"，如图5-34所示。

SETP 8 使用 （宽度工具）在路径上拖动，将路径加宽，如图5-35所示。

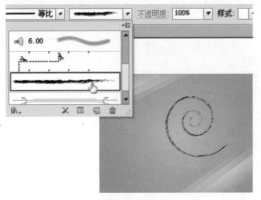

◄ 图5-34 画笔

◄ 图5-35 调整宽度

SETP 9 设置"混合模式"为"柔光"，效果如图5-36所示。

SETP10 双击 （镜像工具），打开"镜像"对话框，设置参数后单击"复制"按钮，得到一个副本，效果如图5-37所示。

◄ 图5-36 混合模式

◄ 图5-37 镜像

SETP11 将副本移动到相应位置，效果如图5-38所示。

SETP12 选择 （画笔工具），执行菜单中的"窗口/画笔"命令，打开"画笔"面板，单击"画笔库菜单"按钮，在弹出的菜单中选择"装饰/装饰-散布"命令，如图5-39所示。

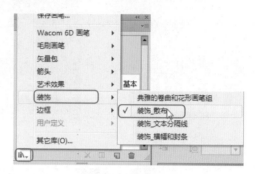

图5-38 移动　　　　　　　　　　　图5-39 绘制画笔

SETP13 在弹出的"装饰-散布"面板中选择笔触后，在文档中绘制，设置"混合模式"为"强光"、"不透明度"为50%，效果如图5-40所示。

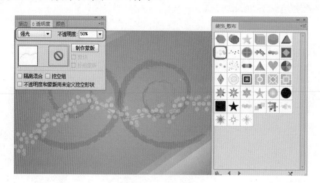

图5-40 绘制画笔

SETP14 再使用 （画笔工具）绘制另外的笔触，效果如图5-41所示。

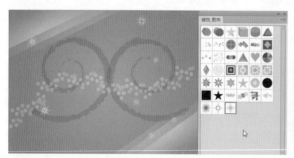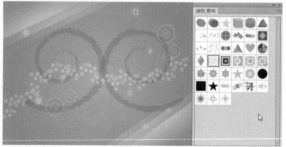

图5-41 绘制画笔

SETP15 置入随书附带光盘中的"素材/第5章/植物素材和树木"，选择素材后放置到相应位置，效果如图5-42所示。

SETP16 最后将"汽车素材"置入到文档中，调整大小后完成本例的制作，最终效果如图5-43所示。

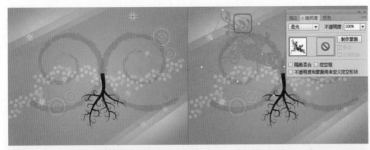

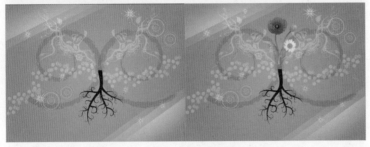

图5-42　置入素材

图5-43　最终效果

实例31　复合路径——齿轮

实例 目的

本实例的目的是让大家了解在 Illustrator 中通过"路径查找器"面板将旋转复制的路径进行合并，再通过"复合路径"将对象进行裁剪，如图 5-44 所示为绘制流程图。

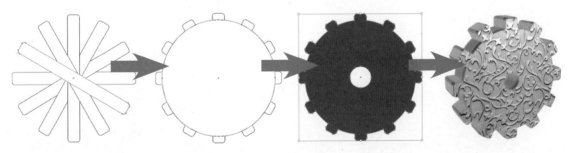

图5-44　绘制流程图

实例 重点

* 置入素材
* 创建符号
* 绘制圆角矩形
* 旋转复制

* 在"路径查找器"面板为对象进行联集
* 通过"复合路径"裁剪对象
* 使用"凸出与斜面"命令创建立体图像并进行贴图

实例 步骤

SETP 1 执行菜单中的"文件/新建"命令，新建一个空白文档，置入随书附带光盘中的"素材/第5章/金属"素材，单击属性栏中的"嵌入"按钮，将其嵌入到文档中，如图5-45所示。

SETP 2 执行菜单中的"窗口/符号"命令，打开"符号"面板，单击"新建符号"按钮，将金属素材添加到"符号"面板中，如图5-46所示。

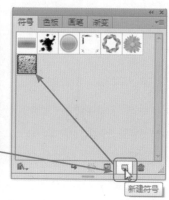

图5-45 金属素材　　　　　　　　　　　图5-46 新建符号

SETP 3 符号创建完毕后将金属素材删除，使用 ▢（圆角矩形工具）在文档中绘制一个"圆角半径"为3的圆角矩形，如图5-47所示。

SETP 4 执行菜单中的"对象/变换/旋转"命令，打开"旋转"对话框，设置"角度"为30°，单击"复制"按钮，如图5-48所示。

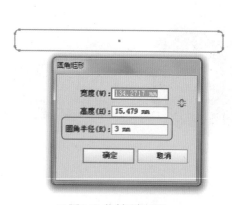
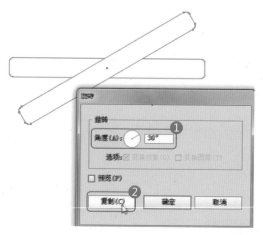

图5-47 绘制圆角矩形　　　　　　　　　　图5-48 旋转复制

SETP 5 复制完毕后，按Ctrl+D键4次，将圆角矩形旋转复制一周，效果如图5-49所示。

SETP 6 在旋转中心点处使用 ▢（椭圆工具），按住Shift+Alt键绘制正圆，如图5-50所示。

SETP 7 框选所有对象，执行菜单中的"窗口/路径查找器"命令，打开"路径查找器"面板，单击"联集"按钮，如图5-51所示。

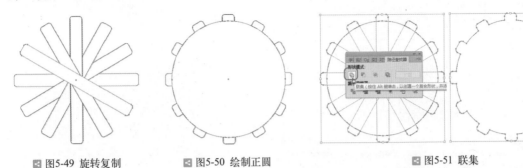

◀ 图5-49 旋转复制　　　◀ 图5-50 绘制正圆　　　◀ 图5-51 联集

SETP 8 再绘制一个小正圆后框选所有对象，在"对齐"面板中单击"水平居中"和"垂直居中"，效果如图5-52所示。

SETP 9 执行菜单中的"对象/复合路径/建立"命令，将两个路径进行复合，将复合后的对象填充深灰色，效果如图5-53所示。

SETP10 执行菜单中的"效果/3D/凸出与斜角"命令，打开"3D凸出与斜角选项"对话框，其中的参数设置如图5-54所示。

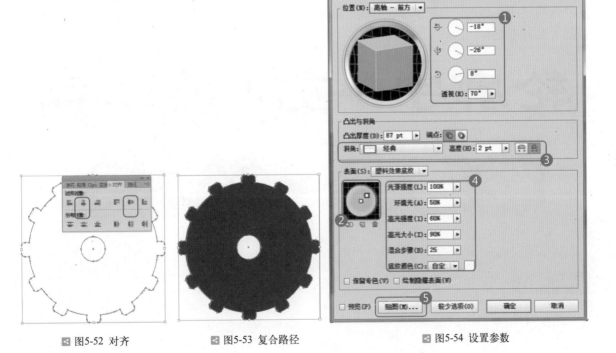

◀ 图5-52 对齐　　　◀ 图5-53 复合路径　　　◀ 图5-54 设置参数

SETP11 单击"贴图"按钮，打开"贴图"对话框，其中的参数设置如图5-55所示。

SETP12 设置完毕单击"确定"按钮，返回到"3D凸出与斜角选项"对话框中，单击"确定"按钮，完成本例的制作，效果如图5-56所示。

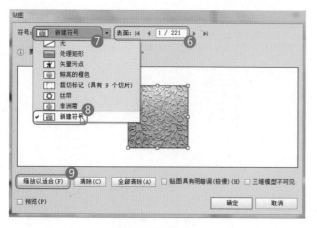

图5-55 贴图

图5-56 最终效果

实例32　偏移路径——轮廓字

实例　目的

　　本实例的目的是让大家了解在 Illustrator 中使用"偏移路径"的方法制作轮廓字，如图 5-57 所示为绘制流程图。

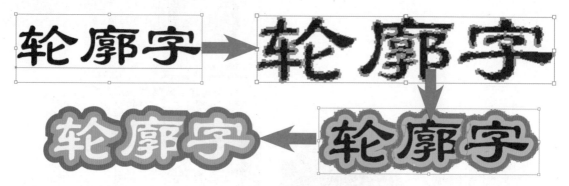

图5-57 绘制流程图

实例　重点

★　键入文字

★　创建轮廓

★　偏移路径

实例　步骤

SETP 1　执行菜单中的"文件/新建"命令，新建一个空白文档，使用 （文本工具）在文档中键入文字，如图5-58所示（可以选择自己喜欢的字体进行键入）。

SETP 2 ▸ 执行菜单中的"文字/创建轮廓"命令，将文字转换为矢量图，如图5-59所示。

◄ 图5-58 键入文字　　　　　　　　　　　　　◄ 图5-59 转换为矢量图

SETP 3 ▸ 执行菜单中的"对象/路径/偏移路径"命令，打开"偏移路径"对话框，其中的参数设置如图5-60所示。

SETP 4 ▸ 设置完毕单击"确定"按钮，将颜色填充为（C:67 M:4 Y:0 K:0），效果如图5-61所示。

◄ 图5-60 "偏移路径"对话框　　　　　　　　　◄ 图5-61 设置颜色

SETP 5 ▸ 执行菜单中的"对象/路径/偏移路径"命令，打开"偏移路径"对话框，其中的参数设置如图5-62所示。

◄ 图5-62 填充文字颜色

SETP 6 ▸ 将颜色填充为蓝色，效果如图5-63所示。

SETP 7 ▸ 按Ctrl+Shift+G键取消编组，将黑色文字改为白色，至此本例制作完毕，效果如图5-64所示。

◁ 图5-63 偏移路径　　　　　　　　　　　◁ 图5-64 最终效果

知识 拓展

制作轮廓字时，可以先执行"偏移路径"命令后填充颜色来完成，也可以通过为矢量图设置轮廓色和宽度来实现效果，如图 5-65 所示。

◁ 图5-65 轮廓字

实例33 画笔描边路径——创意视觉

实例 目的

本实例的目的是让大家了解在 Illustrator 中对置入位图进行描摹，通过画笔工具绘制画笔笔触以及使用画笔描边路径的方法，如图 5-66 所示为绘制流程图。

◁ 图5-66 绘制流程图

实例 ▶重点 🖊

- ☀ 通过渐变填充矩形
- ☀ 填充钢笔形状
- ☀ 绘制画笔
- ☀ 扩展外观填充渐变色
- ☀ 画笔笔触描边路径
- ☀ 高斯模糊
- ☀ 混合模式与透明度

实例 ▶步骤 🖊

SETP 1 执行菜单中的"文件/新建"命令，新建一个空白文档，使用 ▣（矩形工具）在文档中绘制一个"宽度"为180mm、"高度"为135mm的矩形，执行菜单中的"窗口/渐变"命令，打开"渐变"面板，其中的参数设置如图5-67所示。

SETP 2 使用 ▱（钢笔工具）在矩形底部绘制路径形状。此时会按之前的渐变色进行填充，使用 ▣（渐变工具）改变渐变的位置和大小，如图5-68所示。

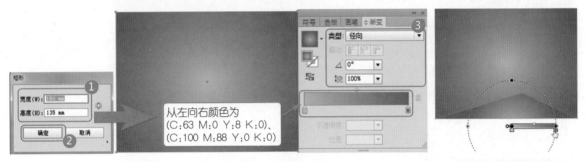

◁ 图5-67 绘制矩形并填充渐变色   ◁ 图5-68 使用钢笔绘制形状调整渐变

SETP 3 使用 ▱（钢笔工具）在矩形右边绘制路径形状，此时会按之前的渐变色进行填充，使用 ▣（渐变工具）改变渐变的位置和大小，此时背景制作完毕，效果如图5-69所示。

SETP 4 置入随书附带光盘中的"素材/第5章/裙装男子"素材，单击属性栏中的"嵌入"按钮，嵌入后再选择"图像描摹/低保真度照片"命令，如图5-70所示。

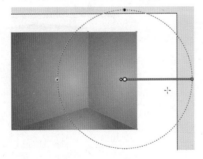

◁ 图5-69 使用钢笔工具绘制形状并调整渐变

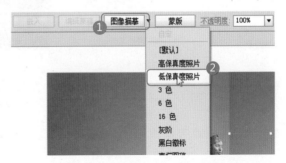

◁ 图5-70 描摹

SETP 5 描摹后单击"扩展"按钮，如图5-71所示。

SETP 6 扩展后按Ctrl+Shift+G键将对象取消群组，选择白色背景，按Delete键将其删除，得到如图5-72所示的效果。

图像描摹　预设：低保…▼　　视图：描摹结果　　　▼　扩展③

图5-71 扩展

图5-72 删除

SETP 7 执行菜单中的"窗口/画笔"命令，打开"画笔"面板，单击"画笔库菜单"按钮，在弹出的菜单中选择"装饰/典雅的卷曲和花形画笔组"命令，效果如图5-73所示。

SETP 8 在打开的"典雅的卷曲和花形画笔组"面板中，使用 （画笔工具）在文档中绘制画笔，如图5-74所示。

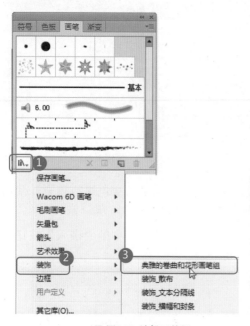

图5-73 选择画笔组

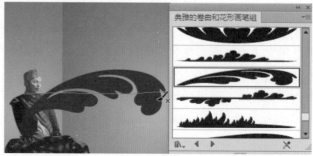

图5-74 绘制画笔

技 巧

绘制的画笔对象可以通过改变"描边宽度"来改变画笔图形的宽度。

SETP 9 执行菜单中的"对象/扩散外观"命令，将画笔路径转换为矢量图，如图5-75所示。

SETP10 按Ctrl+[键将对象向后移动一层，多按几次将其放置到人物后面，在"渐变"面板中设置渐变进行填充，效果如图5-76所示。

◁ 图5-75　扩散外观

◁ 图5-76　渐变

SETP11▶ 复制对象，拖动右边的控制点向左拖动，将其进行翻转，效果如图5-77所示。

SETP12▶ 复制翅膀图形，填充白色到黑色的渐变色，效果如图5-78所示。

◁ 图5-77　翻转

◁ 图5-78　渐变

SETP13▶ 制作另一面的翅膀图形后，使用 ✎（钢笔工具）在翅膀图形上绘制路径，效果如图5-79所示。

SETP14▶ 在"画笔"面板中单击"画笔库菜单"按钮，在弹出的菜单中选择"装饰/装饰-散布"命令，在"装饰-散布"面板中双击"点环"选项，为路径描边画笔，效果如图5-80所示。

◁ 图5-79　绘制路径

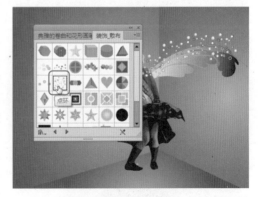

◁ 图5-80　画笔描边

SETP15▶ 制作另一面画笔描边，效果如图5-81所示。

SETP16▶ 绘制6条白色竖线，选择画笔笔触后，在文档中绘制，效果如图5-82所示。

图5-81 画笔描边

图5-82 绘制

SETP17 置入随书附带光盘中"素材/第5章"文件夹中本例需要的素材，单击"嵌入"按钮放置到文档中，调整大小和顺序后，放置至相应位置，效果如图5-83所示。

SETP18 使用 ◯（椭圆工具）绘制一个黑色椭圆，按Ctrl+[键多次，将其调整到人物的后面，效果如图5-84所示。

图5-83 置入素材

图5-84 绘制椭圆

SETP19 执行菜单中的"效果/模糊/高斯模糊"命令，打开"高斯模糊"对话框，其中的参数设置如图5-85所示。

SETP20 设置完毕单击"确定"按钮，设置"混合模式"为"正片叠底"、"不透明度"为30%，效果如图5-86所示。

图5-85 "高斯模糊"对话框

图5-86 设置模糊后的图像

SETP21 使用 ◢（钢笔工具）绘制形状，填充白色与青色，效果如图5-87所示。

SETP22 键入文字，使用 ✐（画笔工具）绘制"装饰-散布"面板中的"透明图形1"，至此本例制作完毕，效果如图5-88所示。

◁ 图5-87 绘制钢笔形状填充颜色 ◁ 图5-88 最终效果

实例34 宽度工具——科幻 Q

实例 目的 ✐

本实例的目的是让大家了解在 Illustrator 中使用 ✐（宽度工具）为路径调整宽度，为其应用"高斯模糊"并结合"混合模式"完成，如图 5-89 所示为绘制流程图。

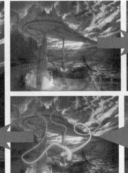

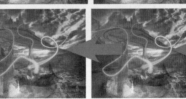

◁ 图5-89 绘制流程图

实例 重点 ✐

* 置入素材
* 混合模式
* 钢笔工具绘制路径

* 宽度工具调整路径
* 高斯模糊
* 直线段工具

实例 步骤 ✐

SETP 1 执行菜单中的"文件/新建"命令，新建一个空白文档，置入随书附带光盘中的"素材/

第5章/科幻"素材，单击属性栏中的"嵌入"按钮，将"科幻"素材置入到文档中，如图5-67所示。

SETP 2 置入随书附带光盘中的"素材/第5章/超人"素材，单击属性栏中的"嵌入"按钮，将"超人"素材置入到文档中，如图5-91所示。

图5-90 素材

图5-91 素材

SETP 3 将"超人"素材移到"科幻"上面，在"透明度"面板中，设置"混合模式"为"叠加"，效果如图5-92所示。

SETP 4 使用 （钢笔工具）在图像中绘制白色路径，如图5-93所示。

图5-92 混合模式

图5-93 绘制路径

SETP 5 使用 （宽度工具）在路径底部向外拖动，将路径边框沿路径向内拖动增加调整点，将顶端控制点使用 （宽度工具）向内拖动，使其变为圆头，如图5-94所示。

图5-94 使用宽度工具调整

SETP 6 选择调整后，按Ctrl+C键复制，按Shift+Ctrl+V键就地粘贴，将副本填充为青色，如图5-95所示。

SETP 7 执行菜单中的"效果/模糊/高斯模糊"命令，打开"高斯模糊"对话框，其中的参数设置如图5-96所示。

SETP 8 设置完毕单击"确定"按钮，效果如图5-97所示。

图5-95 复制

图5-96 "高斯模糊"对话框

图5-97 模糊后

SETP 9 绘制椭圆，填充从青色到透明的渐变色，效果如图5-98所示。

SETP10 复制"从青色到透明的渐变色"的椭圆，设置"混合模式"为"叠加"、"不透明度"为80%，效果如图5-99所示。

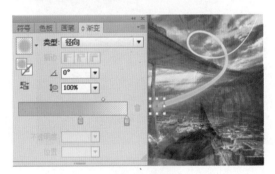

图5-98 渐变填充

图5-99 复制设置混合模式

SETP11 使用同样的方法制作另外两条线条，效果如图5-100所示。

SETP12 使用 T（文本工具）在椭圆渐变色上键入文字"C"、"P"、"Q"，效果如图5-101所示。

图5-100 线条

图5-101 键入文字

SETP13 使用 ✎（直线段工具）绘制竖线，再使用 ⚙️（宽度工具）调整路径的宽度形状，效果如图5-102所示。

SETP14 执行菜单中的"效果/模糊/高斯模糊"命令，打开"高斯模糊"对话框，其中的参数设置如图5-103所示。

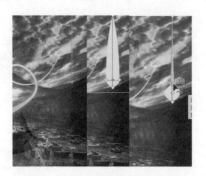

◁ 图5-102 宽度调整　　　　　　　◁ 图5-103 "高斯模糊"对话框

SETP15 设置完毕单击"确定"按钮，设置"混合模式"为"颜色减淡"，效果如图5-104所示。

SETP16 使用同样的方法制作另几个效果，至此本例制作完毕，效果如图5-105所示。

◁ 图5-104 模糊后设置混合模式　　　　　◁ 图5-105 最终效果

实例35 网格工具——吉祥物 🔍 ➡️

实例 目的 🖊️

本实例的目的是让大家了解在 Illustrator 中使用 ▦（网格工具）将平面制作成立体效果，结合其他工具制作吉祥物的方法，如图 5-106 所示为绘制流程图。

实例 重点 🖊️

* ✴ 椭圆工具
* ✴ 路径查找器
* ✴ 网格工具

* ✴ 宽度工具
* ✴ 钢笔工具
* ✴ 高斯模糊
* ✴ 渐变填充

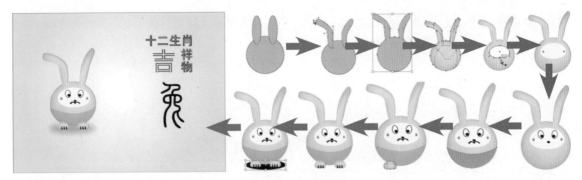

◀ 图5-106 绘制流程图

实例 步骤 ✐

SETP 1 执行菜单中的"文件/新建"命令,新建一个空白文档,使用 ◎(椭圆工具)绘制三个椭圆,如图5-107所示。

SETP 2 使用 ▶(直接选择工具)在上面的两个椭圆顶部分别进行调整,效果如图5-108所示。

SETP 3 框选所有对象,执行菜单中的"窗口/路径查找器"命令,打开"路径查找器"面板,单击"联集"按钮,效果如图5-109所示。

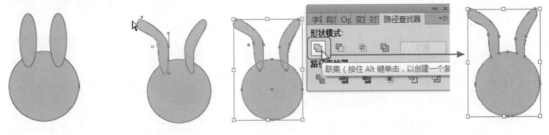

◀ 图5-107 绘制椭圆   ◀ 图5-108 调整   ◀ 图5-109 联集

SETP 4 使用 ▦(网格工具)在对象上单击,添加网格,将添加网格处填充为灰色,效果如图5-110所示。

SETP 5 使用 ◎(椭圆工具)绘制一个白色椭圆,再使用 ▶(直接选择工具)调整椭圆的形状,效果如图5-111所示。

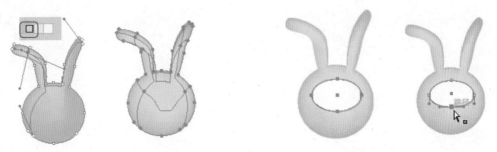

◀ 图5-110 添加网格   ◀ 图5-111 调整椭圆

SETP 6 使用 ▨（网格工具）在椭圆两边上单击创建网格，并为其填充红色作为腮红，如图5-112所示。

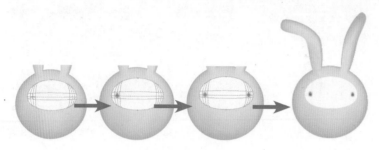

◁ 图5-112 创建网格

SETP 7 使用 ◯（椭圆工具）绘制眼睛、鼻子，使用 ✒（钢笔工具）绘制嘴巴路径，再使用 ✄（宽度工具）调整路径宽度，效果如图5-113所示。

SETP 8 使用 ✒（钢笔工具）绘制一个半圆，将其填充为（C:80 M:10 Y:45 K:0），设置"混合模式"为"强光"，效果如图5-114所示。

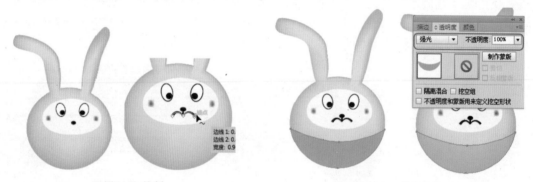

◁ 图5-113 绘制　　　　　　　　　　　　　◁ 图5-114 混合模式

SETP 9 使用 ◯（椭圆工具）绘制椭圆，再使用 ▸（直接选择工具）调整椭圆的形状，效果如图5-115所示。

SETP10 使用 ▨（网格工具）在椭圆两边上单击创建网格，为网格填充灰色，效果如图5-116所示。

SETP11 使用 ╱（直线段工具）绘制竖线，再使用 ✄（宽度工具）调整路径的宽度，如图5-117所示。

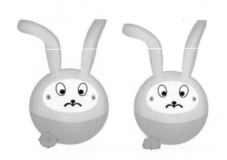

◁ 图5-115 完成编辑　　　　◁ 图5-116 创建网格　　　　◁ 图5-117 调整路径

SETP12 复制两个副本，完成脚部的制作，使用同样的方法制作另一只脚，至此吉祥物主体制作完毕，效果如图5-118所示。

SETP13 绘制一个黑色椭圆，将其调整到最后一层，如图5-119所示。

SETP14 执行菜单中的"效果/模糊/高斯模糊"命令，打开"高斯模糊"对话框，其中的参数设置如图5-120所示。

◁ 图5-118 制作脚

◁ 图5-119 绘制椭圆

◁ 图5-120 "高斯模糊"对话框

SETP15 设置完毕单击"确定"按钮，设置"混合模式"为"正片叠底"、"不透明度"为40%，如图5-121所示。

SETP16 下面制作背景，使用▣（矩形工具）绘制矩形，为矩形填充从白色到淡青色的径向渐变，效果如图5-122所示。

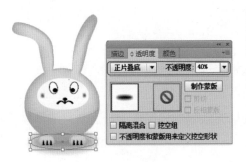
◁ 图5-121 模糊后

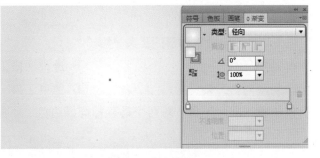
◁ 图5-122 渐变填充

SETP17 将吉祥物移到背景上，效果如图5-123所示。

SETP18 使用 T（文本工具）在背景上键入文字，完成本例的制作，效果如图5-124所示。

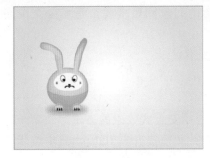
◁ 图5-123 移动

◁ 图5-124 最终效果

知识 拓展

使用 ▣（网格工具）为对象添加网格并填充颜色，可以为对象创建渐变效果，创建方法如图 5-125 所示。

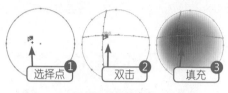

图5-125 轮廓字

技 巧

对使用 ▣（网格工具）创建的网格，按住Alt键在网格锚点上单击，即可将当前网格清除，如图5-126所示。

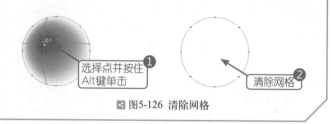

图5-126 清除网格

本章练习与小结

练习

1. 练习将圆形与矩形进行混合。

2. 利用宽度工具调整轮廓宽度。

习题

1. 用于辅助绘制透视图形的工具是哪个？（ ）

A. 网格工具 　　　　　　　　B. 透视网格工具

C. 矩形网格工具 　　　　　　D. 宽度工具

2. 使用 ▣（混合工具）对两个具有相同描边色、不同填充色的封闭图形进行混合，下列描述不正确的说法是哪个？（ ）

A. 两个填充色必须都是CMYK模式定义的颜色

B. 两个填充色必须都是RGB模式定义的颜色

C. 两个填充色可以是CMYK与RGB

D. 两个填充颜色可以是任意的CMYK、RGB或HBS

3. 在使用 ▣（混合工具）制作混合对象时，两个相混合的对象间最多允许有多少个中间过渡对象？（ ）

A. 1000 　　　　B. 999 　　　　C. 99 　　　　D. 100

小结

学习完本章后，读者应该了解在 Illustrator 中对图形应用交互式效果的方法，使单一的图形变为混合、透明、复合路径、偏移路径、宽度调整等特殊效果，提升在 Illustrator 中编辑图形并转换为特殊效果的能力。

第6章

Illustrator CS6

| 企业形象设计

CIS简称CI，全称为Corporate Identity System，译称企业识别系统，意译为"企业形象统一战略"。CI设计又称企业形象设计，这是指一个企业为了获得社会的理解与信任，将企业的宗旨和产品包含的文化内涵传达给公众，从而建立自己的视觉体系形象系统。

| 本章重点

- Logo标志设计
- 名片设计
- 纸杯设计
- T恤设计
- 道旗设计
- 手提兜设计

学习企业形象设计应对以下几点进行了解：

* 设计理念与作用
* CI 的具体组成部分
* 企业标志的概念
* 企业标志的表现形式
* VI 欣赏

设计理念与作用

将企业文化与经营理念统一设计，利用整体表达体系（尤其是视觉表达系统），传达给企业内部与公众，使其对企业产生一致的认同感，以形成良好的企业印象，最终促进企业产品和服务的销售。CI 的作用主要分为对内与对外两部分。

对内

企业可通过 CI 设计对其办公系统、生产系统、管理系统以及营销、包装、广告等宣传形象形成规范设计和统一管理，由此调动企业每个职员的积极性和归属感、认同感，使各职能部门能各行其职、有效合作。

对外

通过一体化的符号形式来形成企业的独特形象，便于公众辨别、认同企业形象，促进企业产品或服务的推广。

CI的具体组成部分

CI 系统是由 MI（理念识别 Mind Identity）、BI（行为识别 Behavior Identity）、VI（视觉识别 Visual Identity）三方面组成的。其核心是 MI，它是整个 CI 的最高决策层，给整个系统奠定了理论基础和行为准则，并通过 BI 与 VI 表达出来。所有的行为活动与视觉设计都是围绕着 MI 这个中心展开的，成功的 BI 与 VI 就是将企业的独特精神准确地表达出来。

 MI(理念识别)

企业理念，对内影响企业的决策、活动、制度、管理等，对外影响企业的公众形象、广告宣传等。所谓 MI，是指确立企业自己的经营理念，企业对目前和将来一定时期的经营目标、经营思想、经营方式和营销状态进行总体规划和界定。

主要内容包括：企业精神、企业价值观、企业文化、企业信条、经营理念、经营方针、市场定位、产业构成、组织体制、管理原则、社会责任和发展规划等。

BI(行为识别)

BI 直接反映企业理念的个性和特殊性，包括对内的组织管理和教育、对外的公共关系、促销活动、资助社会性的文化活动等。

VI(视觉识别)

VI 是企业的视觉识别系统，包括基本要素（企业名称、企业标志、标准字、标准色、企业造型等）和应用要素（产品造型、办公用品、服装、招牌、交通工具等），通过具体符号的视觉传达设计，直接进入人脑，留下对企业的视觉影像。

企业标志的概念

企业标志承载着企业的无形资产，是企业综合信息传递的媒介。标志作为企业 CI 战略的最主要部分，在企业形象传递过程中，是应用最广泛、出现频率最高，同时也是最关键的元素。企业强大的整体实力、完善的管理机制、优质的产品和服务，都被涵盖于标志中，通过不断的刺激和反复刻画，深深地留在受众心中。企业标志可分为企业自身的标志和商品标志。

企业标志的表现形式 🔍

标志的设计形式主要由文字、图形两大要素构成。运用不同的要素，或由二者相结合是组成标志的基础，并由此派生出标志的不同种类。文字类标志包括汉字类标志与拉丁字母类标志；图形类标志包括具象图形标志和抽象图形标志；由文字和图相结合又构成了表现形式众多的综合类标志。

VI欣赏 🔍

实例36 Logo标志设计 🔍

实例 ▶目的 🐚

本实例的目的是让大家了解在 Illustrator 中各个工具以及命令相结合制作企业 Logo 标志的方法，如图 6-1 所示为 Logo 设计制作过程。

图6-1 绘制流程图

实例 **重点** ✍

   ✦ 创建轮廓   ✦ 复合路径

   ✦ 形状生成器工具   ✦ 旋转扭曲变形工具

实例 **步骤** ✍

▎文字复合路径的制作▕

SETP 1 执行菜单中的"文件/新建"命令，新建一个空白文档，使用 **T**（文本工具）在页面中键入一个字体粗一点的字母s，如图6-2所示。

SETP 2 执行菜单中的"文字/创建轮廓"命令，将文字转换为矢量图，效果如图6-3所示。

SETP 3 使用 ✎（钢笔工具）在文字左下方创建一个封闭路径，如图6-4所示。

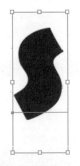

◀ 图6-2 键入文字   ◀ 图6-3 创建轮廓   ◀ 图6-4 绘制封闭路径

▎ 提 示 ▕

如果电脑中没有合适的字体，可以使用 ✎（钢笔工具）自己绘制一个与文字一样的路径。

SETP 4 框选文字与封闭路径，使用 ▣（形状生成器工具）在封闭路径内单击，再将多余的部分选取后按Delete键删除，效果如图6-5所示。

SETP 5 使用 ▣（椭圆工具）在剩余部分位置绘制一个正圆，框选所有对象后，执行菜单中的"对象/复合路径/建立"命令，将对象通过路径复合进行简化裁剪，过程如图6-6所示。

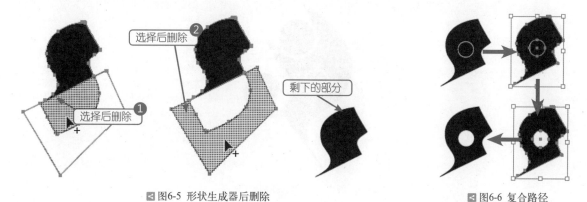

◁ 图6-5 形状生成器后删除

◁ 图6-6 复合路径

SETP 6 使用 ▣（椭圆工具）在简化裁剪处绘制一个黑色正圆，完成本部分的制作，如图6-7所示。

◁ 图6-7 绘制正圆

标志球的制作

SETP 7 使用 ▣（添加锚点工具）在路径上单击添加锚点，再使用 ▣（直接选择工具）调整形状，效果如图6-8所示。

SETP 8 使用 ▣（直线段工具）绘制斜线路径，再使用 ▣（椭圆工具）绘制黑色正圆，完成本部分制作，如图6-9所示。

◁ 图6-8 添加锚点和调整形状

◁ 图6-9 绘制图形

旋转扭曲的制作

SETP 9 使用　（旋转扭曲变形工具）在右下角处按住鼠标，使对象按照笔触内进行逆时针旋转变形，如图6-10所示。

图6-10 旋转扭曲变形

技 巧

使用　（旋转扭曲变形工具）变形对象时，笔触大小可以在按住Alt键的同时按住鼠标进行拖动来变换大小，向右拖动会变宽，向左拖动会变窄，如图6-11所示。向上拖动会变高、向下拖动会变矮，如图6-12所示。

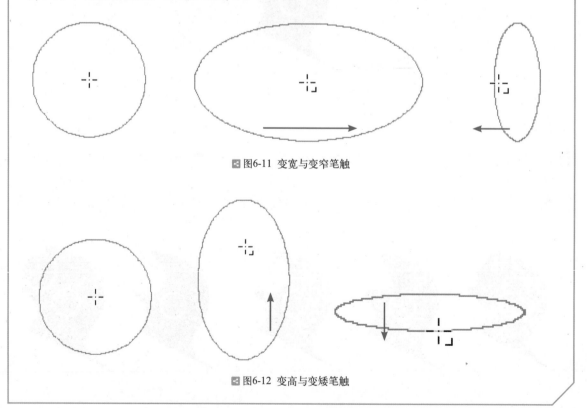

图6-11 变宽与变窄笔触

图6-12 变高与变矮笔触

技 巧

使用 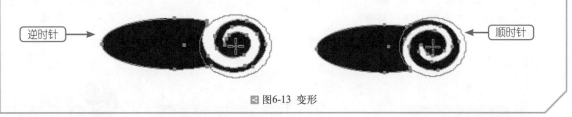（旋转扭曲变形工具）变形对象时，双击工具图标，打开"旋转扭曲工具选项"对话框，当"旋转扭曲速率"为正值时按逆时针旋转，为负值时按顺时针旋转，如图6-13所示。

逆时针 → ← 顺时针

◀ 图6-13 变形

文字部分制作

SETP10 使用 T（文本工具）在文档中键入文字"尚都"，如图6-14所示。

SETP11 选择文字，执行菜单中的"文字/创建轮廓"命令，将文字转换为矢量图，如图6-15所示。

SETP12 按Ctrl+Shift+G键，将矢量文字取消群组，移动"都"到"尚"的下方，效果如图6-16所示。

◀ 图6-14 键入文字

◀ 图6-15 创建轮廓

◀ 图6-16 调整文字位置

背景部分制作

SETP13 使用 □（矩形工具）绘制一个矩形，设置填充色与描边色。将标志图形移到背景上，完成本例的制作，绘制白色图形后，调整不透明度可以得到修饰效果，如图6-17所示。

◀ 图6-17 最终效果

実例37 名片设计 🔍

实例 ▶ 目的 ✍

本实例的目的是让大家了解在 Illustrator 中使用各个工具以及命令相结合制作名片的方法，如图 6-18 所示为名片的设计过程。

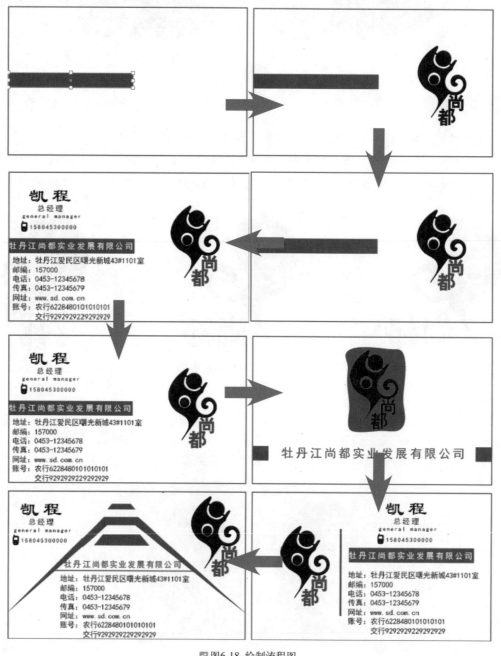

◀ 图6-18 绘制流程图

实例 **重点** ✍

- ✦ 复制标志
- ✦ 绘制矩形
- ✦ 设置文字字符

- ✦ 插入符号
- ✦ 使用平滑工具平滑矩形四个角

实例 **步骤** ✍

背景版面制作

SETP 1 执行菜单中的"文件/新建"命令，新建一个空白文档，使用🔲（矩形工具）在文档中单击，绘制一个"宽度"为90mm、"高度"为54mm的矩形，效果如图6-19所示。

SETP 2 再绘制一个矩形，填充为铁红色，此时背景版面制作完毕，效果如图6-20所示。

图6-19 绘制矩形

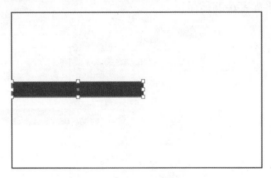

图6-20 绘制矩形

移入标志制作

SETP 3 打开之前制作的Logo，将标志图形复制后粘贴到名片内，如图6-21所示。

SETP 4 选择标志中的文字，将其填充为铁红色，如图6-22所示。

图6-21 移入标志

图6-22 改变颜色

文字部分的制作

SETP 5 使用🅣（文本工具）键入白色文字，效果如图6-23所示。

◀ 图6-23 键入文字

SETP 6 ▶ 执行菜单中的"窗口/文字/字符"命令，打开"字符"面板，设置"字间距"为200，效果如图6-24所示。

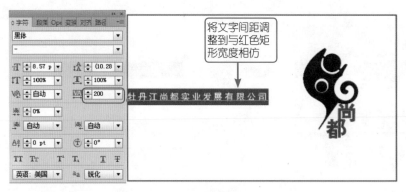

◀ 图6-24 调整字距

SETP 7 ▶ 使用 T（文本工具）在名片左面键入黑色文字，如图6-25所示。

◀ 图6-25 键入文字

SETP 8 ▶ 执行菜单中的"窗口/符号"命令，打开"符号"面板，单击"符号菜单库"，在弹出的菜单中选择"网页图标"，打开"网页图标"面板后，选择"电话"，如图6-26所示。

SETP 9 ▶ 拖动"电话"图标，将其移动到相应位置，调整大小后，完成名片的制作，效果如图6-27所示。

图6-26 面板

图6-27 名片

SETP10 再制作两种不同布局的名片，效果如图6-28所示。

图6-28 名片

名片背面的制作

SETP11 绘制矩形，制作版式，如图6-29所示。

图6-29 制作版式

SETP12 将标志图形移到中间矩形上，使用 (平滑工具) 在矩形的四个角上拖动，将其进行平滑处理，如图6-30所示。

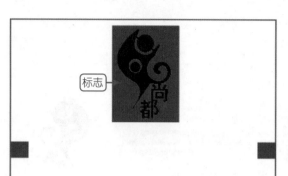

◀图6-30 平滑

SETP13 使用 ✐（平滑工具）在四个角上拖动，将其进行平滑处理，效果如图6-31所示。

SETP14 键入文字后完成名片背面的制作，效果如图6-32所示。

◀图6-31 平滑 ◀图6-32 名片背面

实例38 纸杯设计 🔍

实例 ▷ 目的

本实例的目的是让大家了解在 Illustrator 中使用各个工具以及命令相结合制作纸杯的方法，如图 6-33 所示为纸杯的设计过程。

◀图6-33 绘制流程图

实例 ▶ 重点 ✏

* ✱ 绘制矩形
* ✱ 将矩形调整为梯形
* ✱ 渐变填充
* ✱ 描边渐变填充
* ✱ 创建混合
* ✱ 插入符号

实例 ▶ 步骤 ✏

杯身的制作 ▶

SETP 1 执行菜单中的"文件/新建"命令，新建一个空白文档，使用▣（矩形工具）在文档中单击绘制一个矩形，再使用 ▓（直接选择工具）将矩形调整为梯形效果，如图6-34所示。

SETP 2 使用 ▓（添加锚点工具）在路径上单击添加锚点，再使用 ▓（直接选择工具）调整形状，效果如图6-35所示。

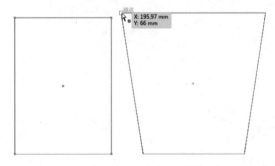

◀ 图6-34 绘制矩形并调整为梯形

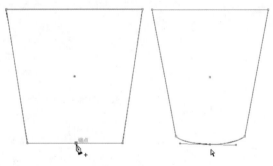

◀ 图6-35 调整形状

SETP 3 执行菜单中的"窗口/渐变"命令，打开"渐变"面板，设置渐变色为灰色到白色再到灰色的线性渐变，效果如图6-36所示。

SETP 4 使用 ▓（钢笔工具）在杯身下部绘制白色和黑色的轮廓线，选择轮廓线后，执行菜单中的"对象/路径/轮廓化描边"命令，此时杯身部分制作完毕，效果如图6-37所示。

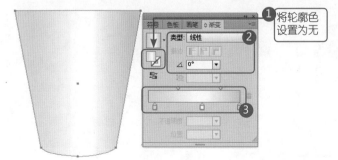

◀ 图6-36 填充渐变

◀ 图6-37 绘制修饰线

杯口部分的制作

SETP 5 使用 ◎（椭圆工具）在杯身上部绘制白色椭圆，效果如图6-38所示。

SETP 6 选择"描边"后，在"渐变"面板中设置渐变色为白色至灰色的径向渐变，效果如图6-39所示。

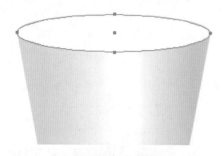

◀ 图6-38 绘制椭圆

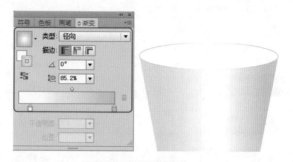

◀ 图6-39 设置描边渐变

SETP 7 复制椭圆，将其缩小，将"描边"设置为"淡黄色"，填充设置为从白色到灰色的线性渐变，效果如图6-40所示。

SETP 8 将杯口处的两个椭圆一同选取，执行菜单中的"对象/混合/建立"命令，效果如图6-41所示。

◀ 图6-40 渐变填充

◀ 图6-41 混合

SETP 9 执行菜单中的"对象/混合/混合选项"命令，打开"混合选项"对话框，其中的参数设置如图6-42所示。

SETP10 设置完毕单击"确定"按钮，此时杯口制作完毕，效果如图6-43所示。

◀ 图6-42 "混合选项"对话框

◀ 图6-43 杯口

纸杯修饰部分的制作

SETP11▸ 打开之前制作的Logo，将标志图形复制并粘贴到杯身上，将文字部分填充为黑色，将标识部分填充为铁红色，设置"不透明度"为70%，效果如图6-44所示。

SETP12▸ 执行菜单中的"窗口/符号"命令，打开"符号"面板，单击"符号库菜单"按钮，在弹出的菜单中选择"庆祝"，如图6-45所示。

◁图6-44 设置Logo

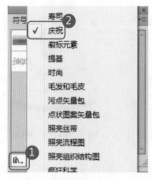

◁图6-45 符号

SETP13▸ 在打开的"庆祝"面板中，选择"五彩纸屑"，将其拖动到杯身上，如图6-46所示。

◁图6-46 插入符号

SETP14▸ 设置"不透明度"为80%，复制符号，完成本例的制作，效果如图6-47所示。

◁图6-47 用五彩纸屑修饰杯子

SETP15 绘制一个黑色椭圆，按Shift+Ctrl+[键将黑色椭圆调整到最后面，效果如图6-48所示。

SETP16 执行菜单中的"效果/模糊/高斯模糊"命令，打开"高斯模糊"对话框，其中的参数设置如图6-49所示。

图6-48 绘制椭圆   图6-49 "高斯模糊"对话框

SETP17 设置"混合模式"为"正片叠底"、"不透明度"为40%，如图6-50所示。

SETP18 至此本例制作完毕，效果如图6-51所示。

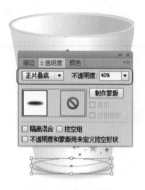

图6-50 设置混合模式   图6-51 最终效果

实例39 T恤设计

实例 目的

本实例的目的是让大家了解在 Illustrator 中使用各个工具以及命令相结合制作 T 恤的方法，如图 6-52 所示为 T 恤的设计过程。

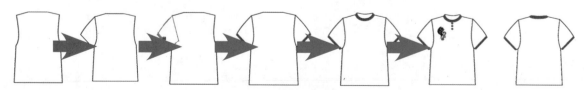

图6-52 绘制流程图

实例 重点

- ✴ 使用钢笔工具绘制路径
- ✴ 调整顺序

- ✴ 实时上色
- ✴ 镜像复制

实例 步骤

T恤主体的制作

SETP 1 执行菜单中的"文件/新建"命令，新建一个空白文档，使用 🖊 （钢笔工具）在文档中绘制T恤的主体路径，如图6-53所示。

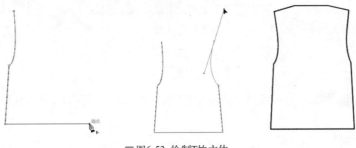

图6-53 绘制T恤主体

T恤袖子的制作

SETP 2 使用 🖊 （钢笔工具）在主体处绘制路径，按Shift+Ctrl+]键将其放置到最后面，效果如图6-54所示。

SETP 3 在袖口处绘制一条虚线，效果如图6-55所示。

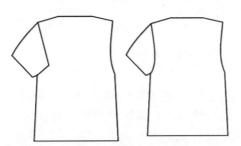

图6-54 绘制袖子并调整顺序

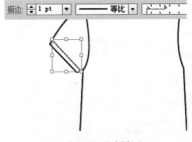

图6-55 绘制虚线

提 示

为线条制作虚线效果时，还可以在"描边"面板中勾选"虚线"复选框后设置参数来得到虚线效果。

SETP 4 框选袖子和虚线，使用 🖊 （实时上色工具）将填充色设置为铁红色，在虚线与袖口交叉得到的封闭区域单击进行填充，效果如图6-56所示。

SETP 5 双击 █（镜像工具），打开"镜像"面板，选择"垂直"单选按钮后，单击"复制"按钮，效果如图6-57所示。

SETP 6 移动副本到另一边，此时袖子制作完毕，效果如图6-58所示。

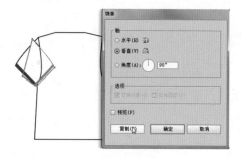

◁ 图6-56 绘制修饰线　　　　　　◁ 图6-57 复制　　　　　　◁ 图6-58 移动

T恤领口的制作

SETP 7 绘制椭圆，使用 █（直接选择工具）调整椭圆的形状，将其填充为铁红色，效果如图6-59所示。

SETP 8 复制领口图形，将其缩小后填充白色，调整形状，完成领口的制作，效果如图6-60所示。

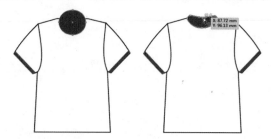

◁ 图6-59 绘制椭圆并调整形状　　　　　◁ 图6-60 变换副本填充白色

扣子以及企业标志制作

T恤背面的制作

SETP 9 打开之前制作的Logo，将文字填充铁红色，将标识填充为黑色，如图6-61所示。

SETP10 绘制红色扣子，复制出两个副本，至此正面制作完毕，效果如图6-62所示。

SETP11 复制主体和袖子后，使用 █（钢笔工具）绘制领口背面，填充铁红色，至此背面制作完毕，效果如图6-63所示。

◁ 图6-61 标志　　　　◁ 图6-62 正面　　　　　　◁ 图6-63 T恤背面

实例40 道旗设计

实例 目的

本实例的目的是让大家了解在 Illustrator 中使用各个工具以及命令相结合制作道旗的方法，如图 6-64 所示为道旗的设计过程。

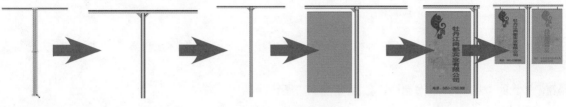

图6-64 绘制流程图

实例 重点

* 绘制矩形
* 填充渐变色
* 插入符号
* 调整不透明度

实例 步骤

道旗骨架的制作

SETP 1 执行菜单中的"文件/新建"命令，新建一个空白文档，使用□（矩形工具）在文档中绘制一个矩形，如图6-65所示。

SETP 2 设置描边颜色为"无"。执行菜单中的"窗口/渐变"命令，打开"渐变"面板，设置渐变色为-90°从黑色到白色再到黑色的线性渐变，效果如图6-66所示。

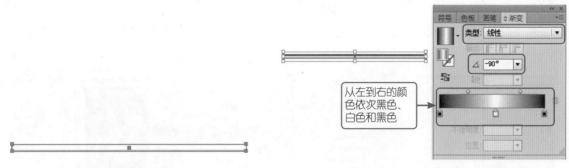

图6-65 绘制矩形

图6-66 填充渐变色

SETP 3 按住Alt键拖动渐变矩形，松开鼠标后系统会复制一个副本，拖动控制点将副本旋转90°后调整大小，效果如图6-67所示。

SETP 4 使用同样的方法复制两根钢骨，缩小后旋转45°和-45°移到相应位置，按Shift+Ctrl+[键将其调整到最后面，效果如图6-68所示。

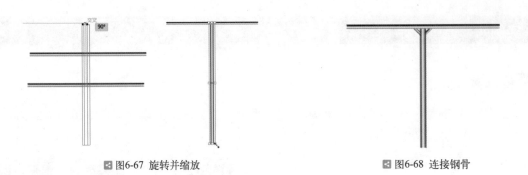

◁ 图6-67 旋转并缩放　　　　　　　　　　　　　　　　◁ 图6-68 连接钢骨

SETP 5 使用 ◯（椭圆工具）在两根大钢骨连接的位置绘制正圆，在"渐变"面板中设置渐变色，效果如图6-69所示。

SETP 6 此时骨架部分制作完毕，效果如图6-70所示。

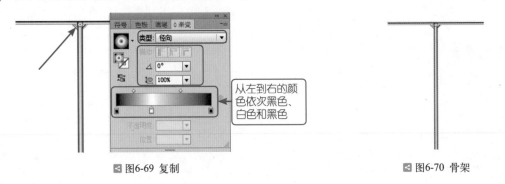

从左到右的颜色依次黑色、白色和黑色

◁ 图6-69 复制　　　　　　　　　　　　　　　　◁ 图6-70 骨架

旗帜的制作

SETP 7 使用 ▢（矩形工具）绘制一个矩形，填充为橘黄色，效果如图6-71所示。

SETP 8 执行菜单中的"窗口/符号"命令，打开"符号"面板，单击"符号库菜单"按钮，在弹出的菜单中选择"庆祝"，如图6-72所示。

SETP 9 在打开的"庆祝"面板中，选择"五彩纸屑"选项，将其拖动到矩形中，如图6-73所示。

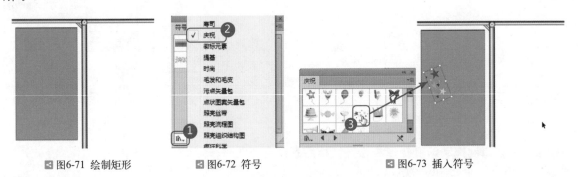

◁ 图6-71 绘制矩形　　　　◁ 图6-72 符号　　　　◁ 图6-73 插入符号

SETP10 设置"不透明度"为30%，再复制一个副本，效果如图6-74所示。

SETP11 打开之前制作的Logo，将其复制并粘贴到道旗上，填充为红色后旋转并设置"不透明度"，再复制一个Logo，放置到左上角，效果如图6-75所示。

SETP12 使用 T（文本工具）和 IT（直排文本工具）键入相应的文字，完成制作，效果如图6-76所示。

SETP13 使用同样的方法制作另一面道旗，复制钢骨，将其缩小，作为钢骨与道旗的连接，至此本例制作完毕，效果如图6-77所示。

◁ 图6-74 调整不透明度并复制　　　　◁ 图6-75 添加Logo　　　◁ 图6-76 道旗　　　◁ 图6-77 最终效果

实例41　手提兜设计 🔍

实例 ▸ 目的

本实例的目的是让大家了解在 Illustrator 中使用各个工具以及命令相结合制作手提兜的方法，如图 6-78 所示为手提兜的设计过程。

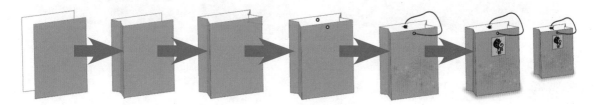

◁ 图6-78 绘制流程图

实例 ▸ 重点

★　复制标志
★　绘制矩形
★　设置文字字符
★　插入符号
★　使用平滑工具平滑矩形四个角

实例 ▸ 步骤

手提兜兜体的制作 ▸

SETP 1 执行菜单中的"文件/新建"命令，新建一个空白文档，使用 □（矩形工具）在文档中绘制一个矩形，再使用 ☑（倾斜工具）将矩形进行斜切处理，效果如图6-79所示。

SETP 2 ▶ 按住Alt键向右下角拖动，松开鼠标后复制一个副本，将副本填充为橘黄色，如图6-80
所示。

SETP 3 ▶ 使用 🖊 （钢笔工具）在正面与背面处绘制兜体侧身，填充橘黄色和稍深一些的颜色，效
果如图6-81所示。

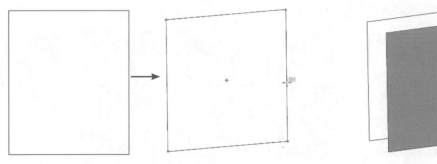

◁ 图6-79 绘制矩形并进行斜切处理　　　　　　　　◁ 图6-80 复制并填充颜色

SETP 4 ▶ 再使用 🖊 （钢笔工具）绘制另一侧面，填充橘黄色和白色，调整顺序，效果如图6-82
所示。

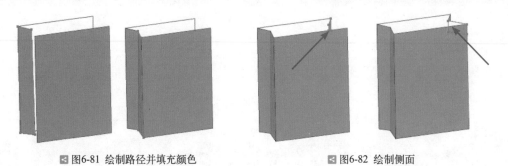

◁ 图6-81 绘制路径并填充颜色　　　　　　　　◁ 图6-82 绘制侧面

手提兜兜环和兜绳的制作 ▶

SETP 5 ▶ 使用 ⬭ （椭圆工具）绘制正圆，设置"描边"宽度为4pt，效果如图6-83所示。

SETP 6 ▶ 执行菜单中的"对象/路径/轮廓化描边"命令，复制圆环，移到纸兜的内侧，效果如图
图6-84所示。

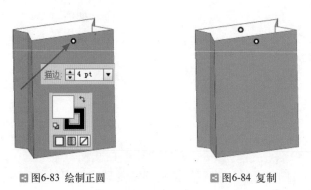

◁ 图6-83 绘制正圆　　　　　　◁ 图6-84 复制

SETP 7 ▶ 使用 （钢笔工具）绘制黑色直线，在"描边"面板中设置"箭头"，效果如图6-85所示。

SETP 8 ▶ 再使用 （钢笔工具）绘制黑色兜绳，设置"描边"宽度为3pt，效果如图6-86所示。

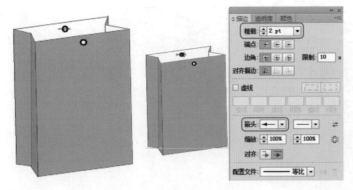

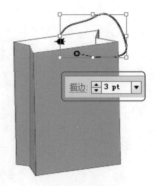

◀ 图6-85 绘制直线并添加箭头　　　　　　　　◀ 图6-86 兜绳

手提兜修饰的制作

SETP 9 ▶ 执行菜单中的"窗口/符号库/庆祝"命令，打开"庆祝"面板，如图6-87所示。

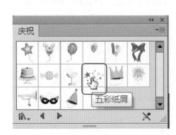

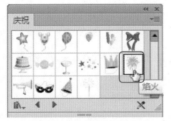

◀ 图6-87 插入符号

SETP10 ▶ 打开之前制作的Logo，将其复制到文档中，效果如图6-88所示。

SETP11 ▶ 使用 （倾斜工具）将图标斜切处理，效果如图6-89所示。

◀ 图6-88 添加Logo　　　　　　　　　　◀ 图6-89 将Logo倾斜

SETP12 使用 （钢笔工具）绘制黑色图形，为其应用"高斯模糊"命令，制作投影效果，至此本例制作完毕，效果如图6-90所示。

◀ 图6-90 最终效果

本章练习 🔍 ➜

练习

自己虚拟一个企业，设计一个与之相对应的Logo，规格不限。

第7章

Illustrator CS6

海报招贴设计

海报招贴设计是一种十分常见的广告形式，具有很强的吸引力，每一张海报招贴本身就是一件高级的艺术品。海报招贴是一种信息传递艺术，是一种大众化的宣传工具。海报设计总的要求是使人一目了然，必须有相当的号召力与艺术感染力，要调动形象、色彩、构图、形式等因素，形成强烈的视觉效果。它的画面应有较强的视觉中心，力求新颖、单纯，还必须具有独特的艺术风格和设计特点。

本章重点

- 旅游海报
- 汽车宣传海报
- 音乐会海报

学习海报设计应对以下几点进行了解：

★ 了解海报招贴的相关基础知识

★ 理解海报设计的相关要求

★ 海报特点

了解海报招贴的相关基础知识

　　海报招贴是一种信息传递艺术，是一种大众化的宣传工具。海报招贴设计必须有相当的号召力与艺术感染力，要调动形象、色彩、构图、形式感等因素形成强烈的视觉效果；它的画面应有较强的视觉中心，力求新颖，还必须具有独特的艺术风格和设计特点。

　　海报招贴按其应用不同大致可以分为商业海报招贴、文化海报招贴、电影海报招贴和公益海报招贴等，下面对它们进行介绍。

商业海报招贴

　　商业海报招贴是指宣传商品或商业服务的商业广告性海报招贴。商业海报招贴的设计要恰当地配合产品的格调和受众对象。

文化海报招贴

　　文化海报招贴是指各种社会文娱活动及各类展览的宣传海报招贴。展览的种类很多，不同的展览都有它各自的特点。

◁ 商业海报招贴

◁ 书法海报

◁ 非商业海报招贴

◁ 儿童节海报

电影海报招贴

电影海报招贴是海报的分支，主要是起到吸引观众注意、刺激电影票房收入的作用，与戏剧海报、文化海报等有相似之处。

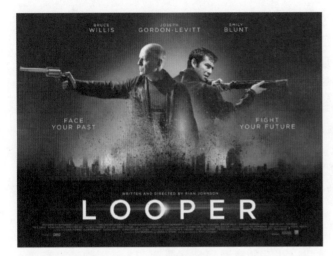

◁ 电影海报

◁ 戏曲海报

公益海报招贴

公益海报招贴是带有一定思想性的，其具有特定的对公众的教育意义，海报主题包括各种社会公益、道德的宣传，或政治思想的宣传，弘扬爱心奉献、共同进步的精神等。

◁ 动物公益海报

◁ 环保公益海报

┃ 理解海报设计的相关要求

海报是机关团体和企事业单位对外发布消息时，在特定的位置贴出的广告，也是一种向大众传播信息的媒体。它属于平面媒体的一种，没有音效，只能借着形与色来强化传达信息，所以对于色彩方面的突显是很重要的。通常人们看海报的时间很短暂，大约在2秒至5秒内便想获知海报的内容，所以色彩中明视度的适当提高、应用心理色彩的效果、使用美观与装饰的色彩等都有助于效果的传达，如此才形成了海报有说服、指认、传达信息、审美的功能。一般来说，海报的设计有如下要求。

- ✦ 立意要好。
- ✦ 色彩鲜明。采用能吸引人们注意的色彩形象。
- ✦ 构思新颖。要用新的方式和角度去理解问题，创造新的视野和新的观念。
- ✦ 构图简练。要用最简单的方式说明问题，引起人们的注意。

海报要重点传达商品的信息，运用色彩的心理效应、强化印象的用色技巧。

总之，优良的海报需要事先预知观赏者的心理反应与感受，才能使传达的内容与观赏者产生共鸣。

海报是以图形和文字为内容，以宣传观念、报导消息或推销产品等为目的。设计海报时，首先要确定主题，再进行构图，最后使用技术手段制作出海报并充实完善。下面向大家介绍海报创意设计的一般方法。

（1）明确的主题

整幅海报应力求有鲜明的主题、新颖的构思、生动的表现等创作原则，才能以快速、有效、美观的方式，达到传送信息的目标。任何广告对象都有可能有多种特点，只要抓住一点，一经表现出来，就必然形成一种感召力，促使对广告对象产生冲动，达到广告的目的。在设计海报时，要对广告对象的特点加以分析，仔细研究，选择出最具有代表性的特点。

（2）视觉吸引力

首先要针对对象、广告的目的，采取正确的视觉形式；其次要正确运用对比的手法；第三，要善于掌握不同的新鲜感，重新组合进行创造；第四，海报的形式与内容应该具有一致性，这样才能使其吸引力倍增。

（3）科学性和艺术性

随着科学技术的进步，海报的表现手段越来越丰富，也使海报设计越来越具有科学性。但是，海报的对象是人，海报是通过艺术手段，按照美的规律去进行创作的，所以，它又不是一门纯粹的科学。海报设计是在广告策划的指导下，用视觉语言传达各类信息。

（4）灵巧的构思

设计要有灵巧的构思，使作品能够传神达意，这样作品才具有生命力。通过必要的艺术构思，运用恰当的夸张和幽默的手法，揭示产品未被发现的优点，明显地表现出为消费者利益着想的意图，从而拉近消费者的感情，获得广告对象的信任。

（5）用语精炼

海报的用词造句应力求精炼，在语气上应感情化，使文字在广告中真正起到画龙点睛的作用。

（6）构图赏心悦目

海报的外观构图应该赏心悦目，营造美好的第一印象。

（7）内容的体现

设计一张海报除了纸张大小之外，通常还需要掌握文字、图画、色彩及编排等设计原则，标题文字是和海报主题有直接关系的，因此除了使用醒目的字体与大小外，文字字数不宜太多，尤其需配合文字的速读性与可读性，以及关注远看和边走边看的效果。

（8）自由的表现方式

海报里图画的表现方式可以非常自由，但要有创意的构思，才能令观赏者产生共鸣。除了使用插画或摄影的方式之外，画面也可以使用纯粹抽象的几何图形来表现。海报的色彩则宜采用鲜明色调，并能衬托出主题，引人注目为主。编排虽然没有一定格式，但是必须达到画面的美感，并且合乎人们的视觉顺序，因此在版面的编排上应该掌握形式原理，如均衡、比例、韵律、对比、调和等要素，也要注意版面的留白。

海报特点 🔍

尺寸大

海报招贴通常要张贴于公共场所，会受到周围环境和各种因素的干扰，所以必须以大画面及突出的形象和色彩展现在人们面前。其画面尺寸有全开、对开、长三开及特大画面（八张全开）等。

远视强

为了使来去匆匆的人们留下视觉印象，除了尺寸大之外，招贴设计还要充分体现定位设计的原理。以突出的商标、标志、标题、图形，或对比强烈的色彩，或大面积的空白，或简练的视觉流程使海报招贴成为视觉焦点。招贴可以说具有广告典型的特征。

艺术性高

就招贴的整体而言，它包括商业招贴和非商业招贴两大类。其中，商品招贴的表现形式以具体艺术表现力的摄影、造型写实的绘画或漫画形式表现为主，给消费者留下真实感人的画面和富有幽默情趣的感受。

而非商业招贴，内容广泛、形式多样，艺术表现力丰富。特别是文化艺术类的招贴画，根据广告主题可以充分发挥想象力，尽情施展艺术手段。许多追求形式美的画家都积极投身到招贴画的设计中，在设计中用自己的绘画语言，设计出风格各异、形式多样的招贴画。

实例42 旅游海报 🔍

实例 ▶ 目的

本实例的目的是让大家了解在 Illustrator 中使用各个工具以及命令相结合制作旅游海报的方法，如图 7-1 所示为海报设计过程。

图7-1 绘制流程图

实例 重点

★ 置入素材   ★ 画笔描边路径

★ 调整顺序   ★ 圆角矩形

★ 剪贴蒙版   ★ 插入符号

实例 步骤

海报背景制作

SETP 1 执行菜单中的"文件/新建"命令，新建一个空白文档，首先置入随书附带光盘中的"素材/第7章/旅游背景"素材，单击"嵌入"按钮，在属性栏中设置素材的宽度为297mm、高度为180mm，如图7-2所示。

SETP 2 置入"云"素材后，将其宽度调整到与背景大小一致，高度按自己的喜好进行相应的调整，效果如图7-3所示。

图7-2 设置素材大小

图7-3 置入素材

SETP 3 使用□（矩形工具）在底部绘制黑色描边、白色填充的矩形，设置"不透明度"为50%，至此背景备份制作完毕，效果如图7-4所示。

图7-4 设置透明完成背景制作

陆地部分制作

SETP 4 置入"陆地"素材，调整到相应大小，如图7-5所示。

SETP 5 按Ctrl+[键将"陆地"向后移动一层，此时发现陆地已经在云彩的后面了，效果如图7-6所示。

图7-5 置入素材

图7-6 调整顺序

SETP 6 置入"山峰"素材，调整大小后，按Ctrl+[键两次改变顺序，效果如图7-7所示。

◀ 图7-7 改变素材顺序

SETP 7 置入"著名景点"素材，调整顺序后得到如图7-8所示的效果，此时陆地部分制作完毕。

◀ 图7-8 改变素材顺序

修饰素材的摆放

SETP 8 依次置入"热气球、飞机、长颈鹿、大象和自行车"素材并调整大小，效果如图7-9所示。

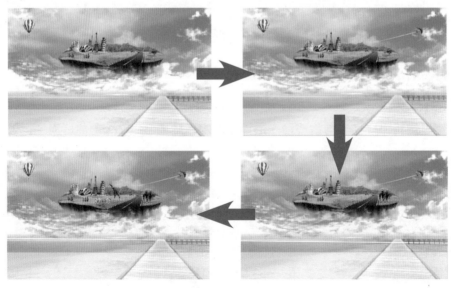

◀ 图7-9 置入素材

景点图制作

SETP 9 使用 ⬭ （椭圆工具）在背景上按住Shift键绘制一个白色填充、粉色描边的正圆，如图7-10

所示。

SETP10 在属性栏中单击"画笔定义"选项，在弹出的菜单中选择"炭笔-羽毛"，使用"炭笔-羽毛"描边，效果如图7-11所示。

图7-10 绘制正圆

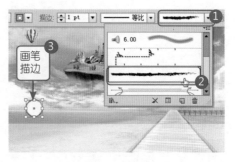

图7-11 画笔描边

SETP11 描边后置入"景点1"素材，再复制一个正圆，将副本移到"景点1"素材上面，效果如图7-12所示。

SETP12 将副本正圆与"景点1"素材一同选取，执行菜单中的"对象/剪贴蒙版/建立"命令，为"景点1"素材创建正圆剪贴蒙版，如图7-13所示。

图7-12 置入素材复制正圆

图7-13 创建剪贴蒙版

SETP13 执行菜单中的"对象/剪贴蒙版/编辑内容"命令，进入编辑状态，拖动控制点，将素材缩小，以中间正圆为准，效果如图7-14所示。

SETP14 编辑完毕后，使用 将蒙版图像拖动到描边正圆的上面，效果如图7-15所示。

图7-14 编辑蒙版

图7-15 移动

SETP15 使用同样的方法将"景点2"素材和"景点3"素材也进行剪贴蒙版，效果如图7-16所示。

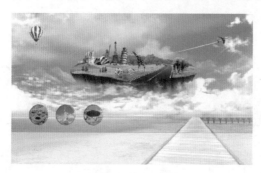

◀ 图7-16 景点图效果

宣传文字的制作

SETP16 使用 **T** （文本工具）在背景上键入文字"游玩7日行"，将字体设置为"文鼎CS行楷"，如图7-17所示。

SETP17 执行菜单中的"文字/创建轮廓"命令，将文字转换为矢量图，再将其填充为草绿色，如图7-18所示。

◀ 图7-17 键入文字

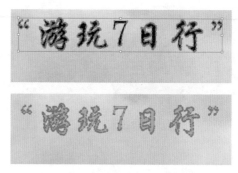

◀ 图7-18 转换为矢量图填充颜色

SETP18 执行菜单中的"对象/取消群组"命令，选择数字7，将其填充为粉色，效果如图7-19所示。

SETP19 框选所有文字后，执行菜单中的"对象/路径/偏移路径"命令，打开"偏移路径"对话框，其中的参数设置如图7-20所示。

◀ 图7-19 填充颜色

◀ 图7-20 "偏移路径"对话框

SETP20 设置完毕单击"确定"按钮,效果如图7-21所示。

SETP21 设置填充为白色,效果如图7-22所示。

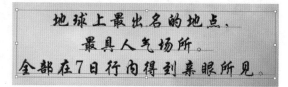

◁ 图7-21 路径偏移后　　　　　　　　　　◁ 图7-22 填充白色

SETP22 使用 ▶（选择工具）框选文字,按Ctrl+G键将文字群组,再进行相应的旋转,效果如图7-23所示。

SETP23 再使用 T（文本工具）键入宣传文字,如图7-24所示。

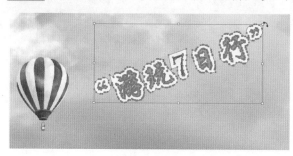

◁ 图7-23 旋转　　　　　　　　　　◁ 图7-24 键入宣传文字

SETP24 执行菜单中的"文字/创建轮廓"命令,将文字转换为矢量图,再将其填充为淡绿色,效果如图7-25所示。

SETP25 执行菜单中的"对象/路径/偏移路径"命令,打开"偏移路径"对话框,其中的参数设置如图7-26所示。

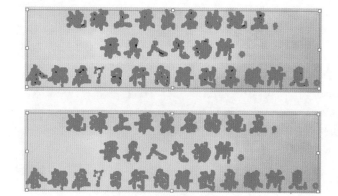

◁ 图7-25 填充淡绿色　　　　　　　　　　◁ 图7-26 "偏移路径"对话框

SETP26 设置完毕单击"确定"按钮,效果如图7-27所示。

SETP27 将偏移后的区域填充为白色,效果如图7-28所示。

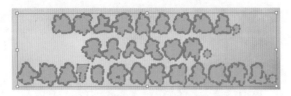

图7-27 偏移路径后 ◀ 图7-28 填充

SETP28 使用 ▶（选择工具）框选文字，按Ctrl+G键将文字群组，再进行相应的旋转，效果如图7-29 所示。

SETP29 此时宣传文字部分制作完毕，效果如图7-30所示。

◀ 图7-29 文字 ◀ 图7-30 宣传文字

旅游招贴底部制作

SETP30 使用 ▢（圆角矩形工具）在背景底部绘制一个绿色的圆角矩形，如图7-31所示。

SETP31 在属性栏中设置"不透明度"为60%，效果如图7-32所示。

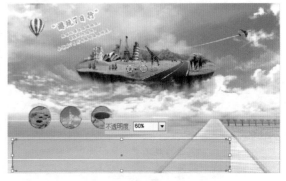

◀ 图7-31 绘制圆角矩形 ◀ 图7-32 不透明度

SETP32 绘制一个黄色的圆角矩形，如图7-33所示。

SETP33 在属性栏中设置"不透明度"为40%，效果如图7-34所示。

图7-33 添加轮廓图

图7-34 不透明度

SETP34 置入"海边"素材后，使用◻（矩形工具）在素材上绘制一个矩形，如图7-35所示。

SETP35 将矩形与"海边"素材一同选取，执行菜单中的"对象/剪贴蒙版/建立"命令，为"海边"素材创建矩形剪贴蒙版，如图7-36所示。

图7-35 置入素材绘制矩形

图7-36 创建蒙版

SETP36 使用▶（选择工具）双击剪贴蒙版，进入编辑状态，拖动素材控制点将其缩小，如图7-37所示。

SETP37 编辑完成后，在文档空白处双击鼠标，系统会完成编辑，移动矩形剪贴蒙版到左下角，效果如图7-38所示。

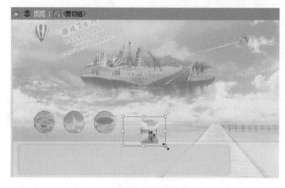

图7-37 编辑

图7-38 完成编辑

SETP38 执行菜单中的"窗口/符号库/Web按钮和长条"命令，打开"Web按钮和条形"面板，选择"球形-蓝色"图标，如图7-39所示。

SETP39 拖动"球形-蓝色"到文档中，调整大小后移动到相应位置，如图7-40所示。

图7-39 "Web按钮和条形"面板

图7-40 插入符号

SETP40 使用 T （文本工具）在背景上键入剩余的相应文字，至此本例制作完毕，效果如图7-41所示。

图7-41 最终效果

实例43 汽车宣传海报

实例 目的

　　本实例的目的是让大家了解在 Illustrator 中使用各个工具以及命令相结合制作汽车宣传海报

的方法，如图 7-42 所示为海报设计过程。

图7-42 绘制流程图

实例 ▶ 重点

★ 制作矩形并填充渐变
★ 旋转复制
★ 高斯模糊
★ 剪贴蒙版
★ 插入字符
★ 画笔描边路径

实例 ▶ 步骤 ✐

汽车海报背景制作 ▶

SETP 1 ▶ 执行菜单中的"文件/新建"命令，新建一个空白文档，使用 ▣（矩形工具），在文档中绘制一个"宽度"为297mm、"高度"为180mm的矩形，如图7-43所示。

SETP 2 ▶ 选择绘制的矩形，执行菜单中的"窗口/渐变"命令，打开"渐变"面板，设置渐变为从淡蓝色到白色-90°的线性渐变，效果如图7-44所示。

◁ 图7-43 绘制矩形

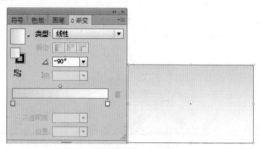

◁ 图7-44 渐变填充

SETP 3 ▶ 双击 ◪（镜像工具），打开"镜像"面板，设置镜像参数后，效果如图7-45所示。

SETP 4 ▶ 使用 ▸（选择工具）拖动控制点，将矩形变矮，设置"不透明度"为40%，效果如图7-46所示。

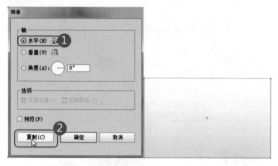

◁ 图7-45 镜像

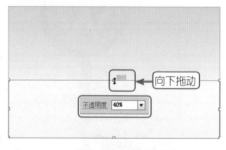

◁ 图7-46 变换矩形

SETP 5 ▶ 使用 ╱（直线段工具）绘制一条路径，如图7-47所示。

SETP 6 ▶ 使用 ◪（宽度工具）拖动控制点，将线条一边变宽，效果如图7-48所示。

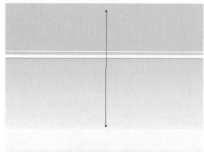

◁ 图7-47 绘制线段

◁ 图7-48 变宽

SETP 7 选择 ⟳（旋转工具），在路径底部按住Alt键单击鼠标，将其设置为旋转中心点，此时系统会弹出"旋转"面板，设置"角度"为30°，单击"复制"按钮，如图7-49所示。

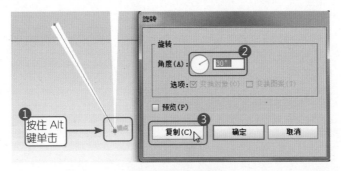

图7-49 旋转复制

SETP 8 单击"复制"按钮后，按Ctrl+D键进行复制，直到旋转一周为止，如图7-50所示。

SETP 9 将复制后的对象一同选取，按Ctrl+G键将其群组，执行菜单中的"效果/模糊/高斯模糊"命令，打开"高斯模糊"对话框，其中的参数设置如图7-51所示。

图7-50 旋转复制

图7-51 "高斯模糊"对话框

SETP10 设置完毕单击"确定"按钮，效果如图7-52所示。

SETP11 绘制一个"宽度"为297mm、"高度"为180mm的矩形，将矩形与后面的模糊对象一同选取，执行菜单中的"对象/剪贴蒙版/建立"命令，效果如图7-53所示。

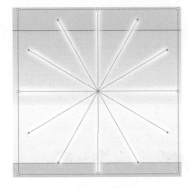

图7-52 模糊后

图7-53 剪贴蒙版

SETP12 执行菜单中的"对象/剪贴蒙版/编辑内容"命令，进入编辑状态，将模糊对象进行变换调整，效果如图7-54所示。

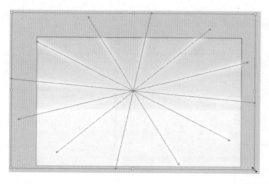

◀ 图7-54 编辑内容

SETP13 打开随书附带光盘中的"素材/第7章/动物图像素材"素材，选择内容后，按Ctrl+C键复制内容，转换到汽车海报中，再按Ctrl+V键将其粘贴到文档中，移动素材到相应位置，如图7-55所示。

SETP14 选择动物素材，双击 🔲（镜像工具）打开"镜像"面板，设置镜像参数后，如图7-56所示。

◀ 图7-55 复制素材并移动位置　　　　　　　　◀ 图7-56 镜像

SETP15 使用 ▶（选择工具）拖动镜像副本到右侧，完成背景的制作，效果如图7-57所示。

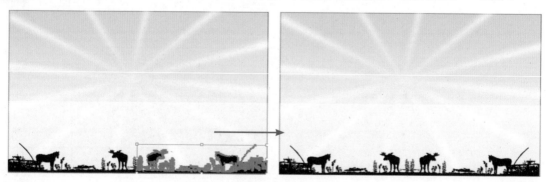

◀ 图7-57 背景

插画区域的制作

SETP16 打开随书附带光盘中的"素材/第7章/草蔓"素材，选择内容后，按Ctrl+C键复制内容，
转换到汽车海报中，再按Ctrl+V键将其粘贴到文档中，将素材移动到相应位置，将素材填充为黄
色，如图7-58所示。

SETP17 复制"草蔓"素材，得到一个副本后，将其填充为黑色，设置"不透明度"为70%，效
果如图7-59所示。

图7-58 移入素材　　　　　　　　　　　　图7-59 复制并填充

SETP18 使用 ▢（椭圆工具）在草蔓上绘制椭圆，在"渐变"面板中设置参数后，使用▢（渐变
工具）调整渐变位置，效果如图7-60所示。

SETP19 置入随书附带光盘中的"素材/第7章/汽车"素材，单击"嵌入"按钮，调整其相应大
小，再使用▢（圆角矩形工具）在上面绘制圆角矩形，打开"公路"素材，复制到当前文档
中，按Ctrl+[键向后调整顺序，将"不透明度"设置为50%，如图7-61所示。

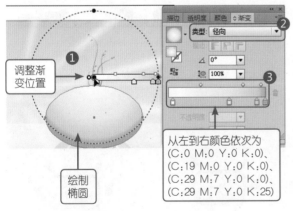

图7-60 为椭圆设置渐变　　　　　　　　　图7-61 置入素材绘制圆角矩形

SETP20 将素材与圆角矩形一同选取，执行菜单中的"对象/剪贴蒙版/建立"命令，创建剪贴蒙
版，效果如图7-62所示。

◁ 图7-62　剪贴蒙版

提　示

在未进行剪贴蒙版处理之前，我们可以将被蒙版的图像按照绘制蒙版框先进行调整大小，这样的好处是直接执行"建立剪贴蒙版"后省去了再次编辑的时间。

SETP21　在汽车上面绘制一个圆角矩形轮廓，使用 （宽度工具）将上面的轮廓调整得宽一些，效果如图7-63所示。

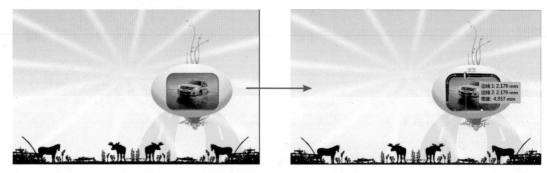

◁ 图7-63　调整宽度

SETP22　再选择刚才打开的"草蔓"素材，选择草蔓后将其复制到当前编辑文档中，将其放置到相应位置后，调整大小和角度，依次复制4个副本，如图7-64所示。

◁ 图7-64　复制

SETP23　打开"符号库"中的"绚丽矢量包"，选择符号拖动到文档中，镜像复制一个副本，再按Ctrl+[键向后调整符号顺序，效果如图7-65所示。

◀ 图7-65 插入符号

SETP24 打开"符号库"中的"花朵"，选择符号拖动到文档中，复制一个副本，再按Ctrl+[键向后调整符号顺序，效果如图7-66所示。

SETP25 打开"符号库"中的"污点矢量包"，选择符号拖动到文档中，复制一个副本，再按Ctrl+[键向后调整符号顺序，设置"不透明度"为20%，效果如图7-67所示。

◀ 图7-66 插入符号　　　　　　　　　　　◀ 图7-67 插入符号

SETP26 打开"符号库"中的"自然"，选择"火"符号拖动到文档中，复制两个副本，将其拖动到汽车上面，再选择"枫叶"符号，将其拖动到汽车的左下角，如图7-68所示。

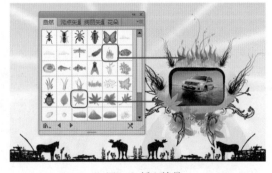

◀ 图7-68 插入符号

标志区域的制作

SETP27 置入随书附带光盘中的"素材/第7章/标志"素材，单击"嵌入"按钮，将素材嵌入到文档中，调整大小，效果如图7-69所示。

SETP28 使用 ⁄（直线段工具）绘制一条竖线，效果如图7-70所示。

◁ 图7-69 置入素材　　　　　　　　◁ 图7-70 绘制线条

SETP29 执行菜单中的"窗口/画笔库/边框_原始"命令，打开"边框_原始"面板，选择"楔形2"，如图7-71所示。

SETP30 双击"楔形2"图标，为路径进行描边，此时本例制作完毕，效果如图7-72所示。

◁ 图7-71 "边框_原始"面板　　　　　◁ 图7-72 最终效果

技 巧

画笔描边路径产生的效果还可以直接使用 ⁄（画笔工具）在文档中通过选择的笔触来直接进行绘制，按住Shift键的同时拖动鼠标会以直线的形式进行绘制，效果如图7-73所示。

按住 Shift
键进行绘制

◁ 图7-73 绘制画笔

实例44 音乐会海报

实例 目的

本实例的目的是让大家了解在 Illustrator 中使用各个工具以及命令相结合制作音乐会海报的方法，如图 7-74 所示为绘制流程图。

图7-74 绘制流程图

实例 重点

★ 矩形工具
★ 渐变填充
★ 剪贴蒙版
★ 插入符号

★ 绘制画笔
★ 褶皱工具
★ 复合路径
★ 偏移路径

实例 步骤

海报背景制作

SETP 1 执行菜单中的"文件/新建"命令，新建一个空白文档，使用▢（矩形工具）在文档中绘制一个"宽度"为165mm、"高度"为220mm的矩形，如图7-75所示。

图7-75 绘制矩形

SETP 2 选择矩形，在"渐变"面板中设置参数后，使用 ▣（渐变工具）调整渐变大小，效果如图7-76所示。

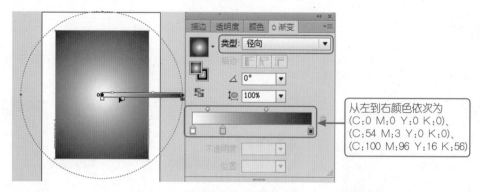

从左到右颜色依次为
(C:0 M:0 Y:0 K:0)、
(C:54 M:3 Y:0 K:0)、
(C:100 M:96 Y:16 K:56)

◀ 图7-76 填充渐变色

SETP 3 使用 ▣（矩形工具）绘制一个白色矩形，使用 ▨（直接选择工具）拖动控制点，将矩形调整为梯形，如图7-77所示。

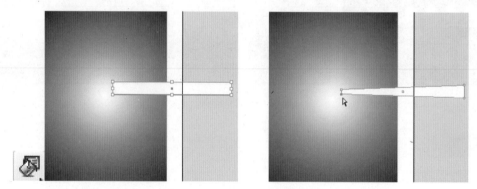

◀ 图7-77 绘制矩形并调整

SETP 4 选择 ◐（旋转工具），在梯形左面按住Alt键单击鼠标，将其设置为旋转中心点，此时系统会弹出"旋转"面板，设置"角度"为15°，单击"复制"按钮，效果如图7-78所示。

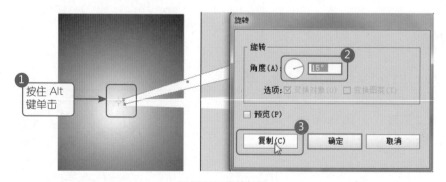

◀ 图7-78 旋转复制

SETP 5 单击"复制"按钮后，按Ctrl+D键进行复制，直到旋转半周为止，如图7-79所示。

SETP 6 ▶ 框选复制的梯形，按Ctrl+G键进行群组，拖动控制点将图形进行调整，如图7-80所示。

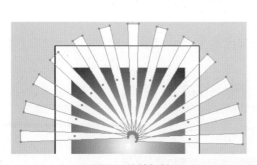

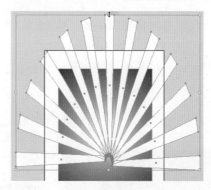

◀ 图7-79 旋转复制

◀ 图7-80 变换

SETP 7 ▶ 复制一个群组副本，拖动控制点，将图形进行变换，变换完毕后，将两个对象选取，按Ctrl+G键进行群组，效果如图7-81所示。

SETP 8 ▶ 绘制一个"宽度"为165mm、"高度"为220mm的矩形，将矩形与群组对象一同选取，执行菜单中的"对象/剪贴蒙版/建立"命令，为对象创建剪贴蒙版，效果如图7-82所示。

◀ 图7-81 变换并群组

◀ 图7-82 剪贴蒙版

SETP 9 ▶ 在"透明度"面板中设置"混合模式"为"叠加"、"不透明度"为40%，至此背景制作完毕，效果如图7-83所示。

◀ 图7-83 设置混合模式和透明度

海报欢呼人物剪影的制作

SETP10 置入随书附带光盘中的"素材/第7章/欢呼"素材，单击"嵌入"按钮，将素材嵌入到文档中，调整大小后，效果如图7-84所示。

SETP11 在属性栏中单击"图像描摹"按钮，在弹出的菜单中选择"低保真度照片"，描摹后的效果如图7-85所示。

◀ 图7-84 素材　　　　　　　　　　　　　　　　　　　　◀ 图7-85 描摹后

SETP12 在属性栏中单击"扩展"按钮，将描摹后的对象转换为路径，效果如图7-86所示。

◀ 图7-86 扩展

技 巧

如果背景上存在多个对象，在编辑时如果想选取某个对象而不选到背景，可以先将背景锁定，方法是框选背景中的所有对象，执行菜单中的"对象/锁定/所选对象"命令，即可将选取的对象锁定，再选择时此对象将不会被选取；执行菜单中的"对象/全部解锁"命令即可取消对象锁定。

SETP13 执行菜单中的"对象/取消群组"命令后，在选中的白色部分按Delete键将其删除，效果如图7-87所示。

SETP14 镜像复制欢呼人群，设置"不透明度"为30%，剪影制作完毕，按Ctrl+[键将其向后调整顺序，效果如图7-88所示。

◁ 图7-87 删除

◁ 图7-88 镜像复制

人物剪影修饰部分的制作

SETP15 执行菜单中的"窗口/符号库/污点矢量包"命令，打开"污点矢量包"面板，选择其中的符号，拖动到文档中，调整大小，效果如图7-89所示。

SETP16 设置"混合模式"为"正片叠底"，使符号更能与人物颜色对应，如图7-90所示。

SETP17 执行菜单中的"对象/扩展"命令，打开"扩展"对话框，其中的参数设置如图7-91所示。

◁ 图7-89 插入符号

◁ 图7-90 混合模式

◁ 图7-91 "扩展"对话框

SETP18 设置完毕单击"确定"按钮，将符号扩展为路径，效果如图7-92所示。

SETP19 选择"人物"，使用 ▨（褶皱工具）在底部涂抹，为其创建褶皱效果，如图7-93所示。

SETP20 使用之前插入符号的方法插入其他的污点矢量图，再扩展为路径，效果如图7-94所示。

图7-92 扩展后

图7-93 创建褶皱

图7-94 插入矢量图

SETP21 框选人物和扩展后的符号，在"路径查找器"面板中单击"联集"按钮，效果如图7-95所示。

SETP22 绘制三个星形，如图7-96所示。

SETP23 将星星与人物一同选取，执行菜单中的"对象/复合路径/建立"命令，此时星形处会产生空心效果，如图7-97所示。

图7-95 联集

图7-96 绘制星形

图7-97 复合路径

SETP24 执行菜单中的"窗口/画笔库/矢量包/颓废矢量包"命令，打开"颓废画笔矢量包"面板，选择其中的笔触，使用 （画笔工具）绘制画笔，效果如图7-98所示。

图7-98 绘制画笔

SETP25 将绘制的笔触进行扩展，将其转换为路径，旋转画笔图案并调整大小，效果如图7-99所示。

SETP26 设置"混合模式"为"正片叠底"，复制两个副本，移动到相应位置并调整大小，此时人物剪影修饰部分制作完毕，效果如图7-100所示。

图7-99 变换　　　　　　　　　　　　　图7-100 混合模式

主题乐器部分的制作

SETP27 置入随书附带光盘中的"素材/第7章/乐器"素材，单击"嵌入"按钮，将素材嵌入到文档后调整大小，效果如图7-101所示。

SETP28 使用 （钢笔工具）依照乐器的形状绘制白色形状，按Ctrl+[键将白色形状调整到乐器后面，如图7-102所示。

图7-101 置入素材　　　　　　　　　　　图7-102 绘制形状并调整顺序

SETP29 绘制线条后，设置箭头格式，如图7-103所示。

图7-103 绘制直线添加箭头

SETP30 单击"创建符号"按钮，将箭头创建为符号，如图7-104所示。

SETP31 将箭头符号拖动到文档中，进行相应缩放旋转变换后，选择相应的符号，使用 （符号着色器工具）在上面单击，将其填充为红色，效果如图7-105所示。

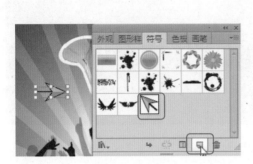

图7-104 创建符号　　　　　　　　　　　　　图7-105 填充符号颜色

SETP32 使用 （直线段工具）在乐器喇叭口处绘制三条白色线条，此时主题乐器部分制作完毕，效果如图7-106所示。

SETP33 使用 （文本工具）键入文字"最爱音乐会"，如图7-107所示。

SETP34 执行菜单中的"文字/创建轮廓"命令，将文字转换为矢量图，如图7-108所示。

图7-106 绘制白色线条　　　　图7-107 键入文字　　　　图7-108 将文字转换为矢量图

SETP35 移动文字到"欢呼"人物处，在"渐变"面板中设置渐变色，效果如图7-109所示。

SETP36 选择文字，执行菜单中的"对象/路径/偏移路径"命令，打开"偏移路径"对话框，其中的参数设置如图7-110所示。

图7-109 设置渐变　　　　　　　　　　　图7-110 "偏移路径"对话框

SETP37 设置完毕单击"确定"按钮，为文字创建偏移，如图7-111所示。

SETP38 将偏移部分填充为白色、"描边"填充为红色，效果如图7-112所示。

图7-111 偏移

图7-112 填充与描边

SETP39 在"至尊矢量包"面板中选择"翅膀"，将其拖动到文档中，效果如图7-113所示。

SETP40 执行菜单中的"对象/扩展"命令，打开"扩展"对话框，参数为默认值即可，单击"确定"按钮，将符号变为矢量图，选择一面翅膀，效果如图7-114所示。

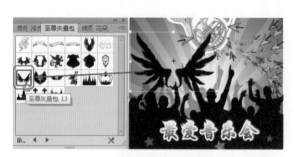

图7-113 插入翅膀

图7-114 扩展

SETP41 在"渐变"面板中设置渐变色，如图7-115所示。

图7-115 渐变

SETP42 将翅膀图形移到文字的两侧，按Ctrl+[键将翅膀放置到文字后面，完成本例的制作，效果如图7-116所示。

 图7-116 最终效果

本章练习 Q

练习

练习"节水公益海报"的制作，要求按照横向A4纸大小，突出节约用水主题。

第8章

Illustrator CS6

| 插画设计

插画是一种艺术形式，作为现代设计的一种重要的视觉传达形式，以其直观的形象性、真实的生活感和美好的感染力，在现代设计中占有特殊的地位，已广泛用于现代设计的多个领域，涉及文化活动、社会公共事业、商业活动、影视文化等方面。

| 本章重点

回家路

夜

学习插画设计应对以下几点进行了解：

✦ 表现形式
✦ 插画用途的类型
✦ 插画的具体分类
✦ 插画技法

表现形式

招贴广告插画

也称为宣传画、海报。在广告还主要依赖于印刷媒体传递信息的时代，可以说它处于主宰广告的地位。但随着影视媒体的出现，其应用范围有所缩小。

报纸插画

报纸是信息传递的最佳媒介之一。它具有大众化，成本低廉，发行量大，传播面广，速度快，制作周期短等特点。

杂志书籍插画

包括封面、封底的设计和正文的插画，广泛应用于各类书籍，如文学书籍、少儿书籍、科技书籍等。这种插画正在逐渐减少，今后在电子书籍、电子报刊中仍将存在。

产品包装插画

产品包装使插画的应用更加广泛。产品包装设计包含标志、图形、文字三个要素。它有双重使命：一是介绍产品，二是树立品牌形象。最为突出的特点在于它介于平面与立体设计之间。

企业形象宣传品插画

它是企业的 VI 设计，通常包含在企业形象设计的基础系统和应用系统这两大部分之中。

影视媒体中的影视插画

它是指电影、电视中出现的插画。一般在广告片中出现的较多。影视插画也包括计算机屏幕。计算机屏幕如今成了商业插画的表现空间，众多的图形库动画、游戏节目、图形表格都成了商业插画的一员。

环保插画

杂志插画

产品包装插画

动漫插画

插画用途的类型

在平面设计领域，我们接触最多的是文学插图与商业插画。

文学插图

再现文章情节、体现文学精神的可视艺术形式。

商业插画

这类插画是为企业或产品传递商品信息，集艺术与商业为一体的一种图形表现形式。

插画作者获得与之相关的报酬，放弃对作品的所有权，只保留署名权，属于一种商业买卖行为。

文学插画

商业插画

插画的具体分类

按市场的定位分类

包括矢量时尚、卡通低幼、写实唯美、韩漫插图、概念设定等。

按制作方法分类

包括手绘、矢量、商业、新锐（2D平面、UI设计、3D）和像素等。

按插画绘画风格分类

分类包括日式卡通插画、欧美插画、韩国游戏插画等（由于风格多样化所以只是简单地分类）。另外，国外的插图风格更广，还有手工制作的折纸、布纹等各种风格。

插画技法

无论是传统画笔，还是电脑绘制，插画的绘制都是一个相对比较独立的创作过程，有很强烈的个人情感归依。有关插画的工作有很多种，像服装的、书籍的、报纸副刊的、广告的、电脑游戏的。不同性质的工作需要不同性质的插画创作人员，所需风格及技能也有所差异。就算是专业的杂志插画，每家杂志社所喜好的风格也不一定相同。所以插画现在越来越商业化和专业化，要求也越来越高。再也不同于以前，插图有可能只为表达个人某时某刻的想法。

要画插画，首先要把基本功练好，比如素描、速写。素描，是训练对光影、构图的了解。速写则是训练记忆，用简单的笔调快速地绘出影像感觉，让手及脑更灵活。然后就可多尝试用不同的颜料作画，像水彩、油画、色铅笔、粉彩等，从而找到适合自己的上色方式。

当然，也可以使用计算机绘图，像Illustrator、Photoshop、Painter等绘图软件。简单来说，Illustrator是矢量式的绘图软件，Photoshop是点阵式的，而Painter则是可以模仿手绘画笔的。

插画的创作表现可以具象，亦可抽象，创作的自由度极高，当通过摄影无法拍摄到实体影像时，借助于插画的表现则为最佳时机。插画依照用途可以分为书刊插画、广告插画和科学插画等类。

实例 ▶ 目的

　　本实例的目的是让大家了解在 Illustrator 中使用各个工具以及命令相结合制作回家路插画的方法，如图 8-1 所示为插画设计过程。

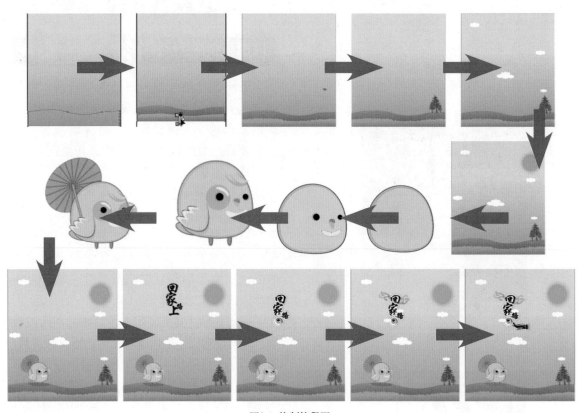

图8-1 绘制流程图

实例 ▶ 重点

　　✦　渐变填充　　　　　　　　　　　✦　钢笔工具、直接选择工具绘制形状

　　✦　褶皱工具的使用　　　　　　　　✦　旋转扭曲工具

　　✦　插入符号　　　　　　　　　　　✦　路径偏移

　　✦　调整顺序

实例 ▶ 步骤

回家路插画背景制作

SETP 1 执行菜单中的"文件/新建"命令，新建一个空白文档，使用▣（矩形工具）在文档中绘制一个"宽度"为207mm、"高度"为245mm的矩形，如图8-2所示。

SETP 2 → 选择矩形，执行菜单中的"窗口/渐变"命令，打开"渐变"面板，其中的参数设置如图8-3所示。

SETP 3 → 使用 ✐ （钢笔工具）在矩形底部绘制如图8-4所示的路径。

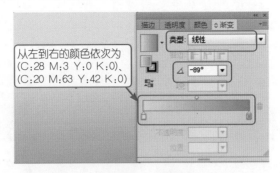

◀ 图8-2 绘制矩形　　　　　　　　　　　◀ 图8-3 设置渐变　　　　　　　　　　◀ 图8-4 绘制路径

SETP 4 → 打开"渐变"面板，为绘制的路径填充渐变，如图8-5所示。

SETP 5 → 按Ctrl+C键复制，再按Ctrl+F键将其贴在前面，拖动控制点将副本变矮，效果如图8-6所示。

SETP 6 → 使用 ▦ （渐变工具）调整渐变色的位置，效果如图8-7所示。

◀ 图8-5 填充渐变　　　　　　　　　◀ 图8-6 复制并调整　　　　　　　◀ 图8-7 调整渐变

SETP 7 → 渐变调整完毕后，使用 ▦ （褶皱工具）在副本上拖动，使对象产生褶皱效果，如图8-8所示。

◀ 图8-8　创建褶皱

SETP 8 执行菜单中的"窗口/符号库/自然"命令，打开"自然"面板，选择其中的"草和树木"，将其拖动到文档中，如图8-9所示。

图8-9 插入符号完成背景的制作

回家路插画云彩与太阳的制作

SETP 9 使用 （椭圆工具）在天空处绘制白色椭圆，将几个椭圆进行组合，使其成为云朵形状，效果如图8-10所示。

图8-10 绘制椭圆云彩

SETP10 选择云朵，按Ctrl+C键复制，再按Ctrl+V键粘贴，得到云朵副本，依次复制放置到相应位置，调整大小后效果如图8-11所示。

SETP11 云彩制作完毕后，再制作太阳效果。使用 （椭圆工具）在天空处绘制橘色正圆，如图8-12所示。

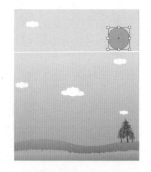

图8-11 复制   图8-12 绘制正圆

SETP12 选择正圆，按Ctrl+C键复制，再按Ctrl+F键将其贴在前面，执行菜单中的"效果/模糊/高斯模糊"命令，打开"高斯模糊"对话框，其中的参数设置如图8-13所示。

SETP13 设置完毕单击"确定"按钮，此时云彩与太阳制作完毕，效果如图8-14所示。

◁ 图8-13 "高斯模糊"对话框　　　　　　　　◁ 图8-14 模糊后

回家路插画主角动物的制作

SETP14 使用 （椭圆工具）在页面中的合适位置拖曳鼠标绘制一个椭圆，通过 （直接选择工具）调整节点的位置及形状，填充颜色为（C:0 M:10 Y:100 K:11），描边颜色为（C:0 M:60 Y:100 K:50），效果如图8-15所示。

SETP15 选择椭圆，按Ctrl+C键复制，再按Ctrl+F键贴在前面，将描边设置为无，填充颜色为（C:0 M:10 Y:100 K:0），通过 （直接选择工具）调整副本的形状，效果如图8-16所示。

SETP16 使用 （椭圆工具）在页面中的合适位置绘制大小不一的圆作为眼睛，并通过"颜色"面板设置其填充属性为黑色，效果如图8-17所示。

　　　　　　　　　　　　　　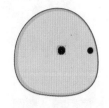

◁ 图8-15 绘制椭圆调整形状　　　◁ 图8-16 调整副本　　　　◁ 图8-17 绘制眼睛

SETP17 使用 （钢笔工具）在眼睛下面绘制鼻子，绘制后再通过 （直接选择工具）调整鼻子的形状，为其填充与之对应的颜色，如图8-18所示。

SETP18 使用 （钢笔工具）在页面中的合适位置绘制嘴巴，再通过 （直接选择工具）对相应的节点进行编辑修改，填充颜色属性为（C:0 M:0 Y:47 K:0），轮廓属性设置为无色，效果如图8-19所示。

SETP19 使用 （钢笔工具）结合 （直接选择工具）绘制毛发效果，对绘制的图形进行相应颜色的填充，效果如图8-20所示。

◁ 图8-18 绘制鼻子

◁ 图8-19 绘制嘴巴

◁ 图8-20 绘制毛发

SETP20▶ 使用 ◎（椭圆工具）在身体处绘制椭圆，将其作为动物的脚，在"颜色"面板中，为"填充"与"描边"填充相应的颜色，如图8-21所示。

SETP21▶ 执行菜单中的"对象/排列/置于底层"命令，将脚放置到身体的后面，效果如图8-22所示。

SETP22▶ 使用同样的方法绘制主角动物的另一只脚，效果如图8-23所示。

◁ 图8-21 绘制脚

◁ 图8-22 调整顺序

◁ 图8-23 绘制另一只脚

SETP23▶ 使用 ✐（钢笔工具）结合 ▷（直接选择工具）绘制翅膀与尾巴，通过"颜色"面板选择颜色进行填充，效果如图8-24所示。

SETP24▶ 使用 ◎（椭圆工具）绘制椭圆，填充淡绿色，按Ctrl+[键几次，将其调整到眼睛后面，再使用 ✐（钢笔工具）结合 ▷（直接选择工具）绘制高光，如图8-25所示。

SETP25▶ 复制眼睛与高光，移到另一边，调整"不透明度"为90%，效果如图8-26所示。

◁ 图8-24 绘制翅膀与尾巴

◁ 图8-25 眼睛

◁ 图8-26 设置透明度

SETP26▶ 使用 ◎（椭圆工具）绘制椭圆，通过"颜色"面板设置"填充"与"描边"的颜色，效果如图8-27所示。

SETP27▶ 使用 ╱（直线段工具）绘制与椭圆描边一样颜色的线条，效果如图8-28所示。

SETP28▶ 选择椭圆与线段，按Ctrl+Shift+[键将其移到身体后面，效果如图8-29所示。

◁ 图8-27 绘制椭圆

◁ 图8-28 绘制线条

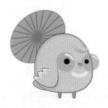

◁ 图8-29 调整顺序

SETP29 使用 🔲 (圆角矩形工具) 绘制一个圆角矩形作为伞手柄, 如图8-30所示。

SETP30 选择伞手柄, 按Ctrl+[键多次, 将其向后调整顺序, 直到调整到翅膀后面, 效果如图8-31所示。

SETP31 框选整个小动物, 按Ctrl+G键进行编组, 将其调整到背景上, 效果如图8-32所示。

◁ 图8-30 伞手柄

◁ 图8-31 调整顺序

◁ 图8-32 调整位置

SETP32 使用 🖋 (钢笔工具) 结合 ▸ (直接选择工具) 绘制投影形状, 将其填充为绿色, 效果如图8-33所示。

SETP33 设置 "不透明度" 为40%, 此时主角动物制作完毕, 效果如图8-34所示。

◁ 图8-33 绘制投影

◁ 图8-34 设置不透明度

回家路插画文字部分的制作

SETP34 使用 🅣 (文本工具) 在背景上键入文字 "回家路上", 效果如图8-35所示。

SETP35 执行菜单中的 "文字/创建轮廓" 命令, 将文字转换为矢量图, 效果如图8-36所示。

SETP36 执行菜单中的 "对象/取消编组" 命令, 移动单个文字到相应位置, 效果如图8-37所示。

◁ 图8-35 键入文字

◁ 图8-36 转换为矢量图

◁ 图8-37 移动

SETP37 使用 🌀（旋转扭曲工具）在文字"上"上面按住鼠标，使其进行扭曲变形，如图8-38所示。

SETP38 选择文字后，执行菜单中的"对象/路径/偏移路径"命令，打开"偏移路径"对话框，其中的参数设置如图8-39所示。

SETP39 设置完毕单击"确定"按钮，将填充设置为白色、描边设置为绿色，效果如图8-40所示。

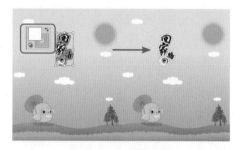

◀ 图8-38 变形文字　　　　◀ 图8-39 "偏移路径"对话框　　　　◀ 图8-40 填充偏移

SETP40 使用 ⬭（椭圆工具）在文字边缘绘制白色云朵并改变顺序，效果如图8-41所示。

SETP41 执行菜单中的"窗口/符号库/绚丽矢量包"命令，打开"绚丽矢量包"面板，选择其中的矢量图，将其拖动到文档中，效果如图8-42所示。

SETP42 执行菜单中的"对象/扩展"命令，将符号转换为矢量图，为其填充与草地一样的渐变色，效果如图8-43所示。

◀ 图8-41 绘制云朵　　　　◀ 图8-42 插入符号　　　　◀ 图8-43 填充渐变

SETP43 将矢量图缩小，移动到相应位置，镜像复制一个副本，移到相应位置，效果如图8-44所示。

SETP44 执行菜单中的"窗口/符号库/徽标元素"命令，打开"徽标元素"面板，选择其中的飞机，将其拖动到文档中，效果如图8-45所示。

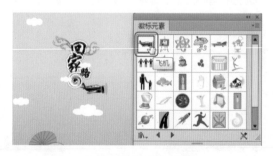

◀ 图8-44 调整大小复制　　　　◀ 图8-45 插入符号

SETP45 调整大小与位置后完成本例的制作，效果如图8-46所示。

图8-46 最终效果

实例46 夜 🔍

实例 目的

本实例的目的是让大家了解在 Illustrator 中使用各个工具以及命令相结合制作夜插画的方法，如图 8-47 所示为插画设计过程。

图8-47 绘制流程图

实例 重点 ✍

* ★ 渐变填充
* ★ 内发光
* ★ 外发光

* ★ 置入素材
* ★ 钢笔绘制形状
* ★ 混合模式

实例 步骤 ✍

夜插画背景制作

SETP 1 执行菜单中的"文件/新建"命令，新建一个空白文档，使用▢（矩形工具）在文档中绘制一个"宽度"为260mm、"高度"为195mm的矩形，如图8-48所示。

SETP 2 矩形绘制完毕后选择矩形，在"渐变"面板中设置渐变色，参数设置如图8-49所示。

SETP 3 使用▣（渐变工具）调整渐变色的位置，至此背景部分制作完毕，效果如图8-50所示。

◁ 图8-48 绘制矩形

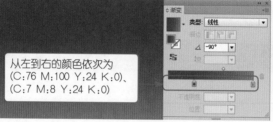

◁ 图8-49 渐变填充

◁ 图8-50 改变渐变位置

月亮部分的制作

SETP 4 使用◯（椭圆工具）按住Shift键在背景上绘制一个"宽"与"高"都为170mm的白色正圆，效果如图8-51所示。

SETP 5 执行菜单中的"效果/风格化/内发光"命令，打开"内发光"对话框，其中的参数设置如图8-52所示。

SETP 6 设置完毕单击"确定"按钮，效果如图8-53所示。

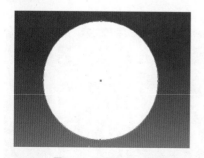

◁ 图8-51 绘制白色正圆

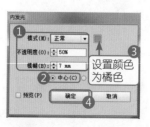

◁ 图8-52 "内发光"对话框

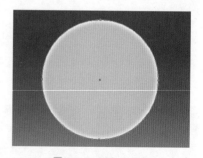

◁ 图8-53 添加内发光

SETP 7 执行菜单中的"效果/风格化/外发光"命令，打开"外发光"对话框，其中的参数设置如图8-54所示。

SETP 8 设置完毕单击"确定"按钮，效果如图8-55所示。

SETP 9 置入随书附带光盘中的"素材/第8章/圆"素材，单击属性栏中的"嵌入"按钮，将素材嵌入到文档中，如图8-56所示。

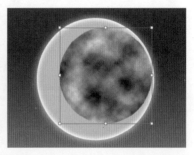

图8-54 "外发光"对话框　　　　图8-55 添加外发光后　　　　图8-56 置入素材

SETP10 设置"宽度"与"高度"为170mm，移动到与正圆相重叠的位置，设置"混合模式"为"颜色加深"、"不透明度"为25%，此时月亮部分制作完毕，效果如图8-57所示。

图8-57 调整大小与设置混合模式

云彩与星星部分的制作

SETP11 置入随书附带光盘中的"素材/第8章/云"素材，单击属性栏中的"嵌入"按钮，将素材嵌入到文档中，拖动控制点调整大小，如图8-58所示。

SETP12 设置"混合模式"为"柔光"、"不透明度"为40%，效果如图8-59所示。

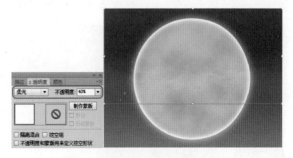

图8-58 置入素材　　　　　　　图8-59 设置混合模式与不透明度

SETP13 将"描边色"设置为白色，"描边粗细"为0.5pt，使用▨（画笔工具）在天空处单击绘制白色圆点，如图8-60所示。

◁ 图8-60 绘制白色圆点

SETP14▷ 将绘制的星星一同选取，设置"不透明度"为50%，此时云彩与星星绘制完毕，效果如图8-61所示。

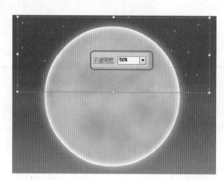 

◁ 图8-61 星星

古堡的制作

SETP15▷ 使用 ◢（钢笔工具）绘制黑色古堡形状，效果如图8-62所示。

SETP16▷ 使用 ◻（圆角矩形工具）在古堡上端绘制圆角矩形窗口，如图8-63所示。

◁ 图8-62 绘制古堡 ◁ 图8-63 绘制圆角矩形窗口

SETP17 将圆角矩形一同选取后，在"路径查找器"面板中单击"联集"按钮，效果如图8-64所示。

SETP18 选择圆角矩形绘制的窗口，执行菜单中的"效果/风格化/内发光"命令，打开"内发光"对话框，其中的参数设置如图8-65所示。

图8-64 联集

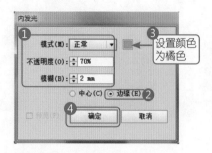

图8-65 "内发光"对话框

SETP19 设置完毕单击"确定"按钮，效果如图8-66所示。

SETP20 执行菜单中的"效果/风格化/外发光"命令，打开"外发光"对话框，其中的参数设置如图8-67所示。

图8-66 添加内发光

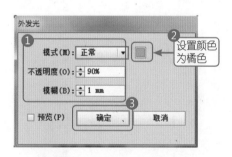

图8-67 "外发光"对话框

SETP21 设置完毕单击"确定"按钮，效果如图8-68所示。

SETP22 将圆角矩形与古堡图形一同选取，按Ctrl+G键将其编组，再在背景右下角处绘制一个矩形，将矩形与古堡图形一同选取，效果如图8-69所示。

图8-68 添加外发光

图8-69 编组并绘制矩形

SETP23 执行菜单中的"对象/剪贴蒙版/建立"命令，创建剪贴蒙版，效果如图8-70所示。

SETP24 执行菜单中的"对象/剪贴蒙版/编辑内容"命令，进入编辑状态，将其中的古堡向右下角移动并进行旋转，此时古堡制作完毕，效果如图8-71所示。

◀ 图8-70 剪贴蒙版　　　　　　　　　　　◀ 图8-71 编辑剪贴蒙版

树与草丛的制作

SETP25 打开随书附带光盘中的"素材/第8章/树"素材，将其复制到当前文档中，将颜色填充为黑色，效果如图8-72所示。

SETP26 置入随书附带光盘中的"素材/第8章/草"素材，将其置入后单击"嵌入"按钮，调整大小，效果如图8-73所示。

◀ 图8-72 将树填充黑色　　　　　　　　　◀ 图8-73 嵌入

SETP27 设置"混合模式"为"变暗"，完成树与草丛的制作，效果如图8-74所示。

◀ 图8-74 树与草丛

猫头鹰的制作

SETP28 使用 ◎（椭圆工具）绘制黑色椭圆作为头部，如图8-75所示。

SETP29 在椭圆下面再绘制一个黑色椭圆，效果如图8-76所示。

图8-75 绘制椭圆

图8-76 绘制椭圆

SETP30 使用 ▶（直接选择工具）将下面椭圆的顶点向上拖动，调整形状，效果如图8-77所示。

SETP31 使用 ◎（椭圆工具）在两个椭圆之间绘制白色与黑色正圆，将其作为眼睛，如图8-78所示。

图8-77 调整形状

图8-78 眼睛

SETP32 使用同样的方法绘制另一只眼睛，效果如图8-79所示。

SETP33 使用 ◎（多边形工具）在眼睛下面绘制白色三角形作为嘴巴，效果如图8-80所示。

SETP34 使用 ◎（多边形工具）在头部绘制黑色三角形作为耳朵，效果如图8-81所示。

图8-79 绘制眼睛

图8-80 绘制嘴巴

图8-81 绘制耳朵

SETP35▶ 使用▷（直接选择工具）结合▷（转换锚点工具）调整耳朵的形状，效果如图8-82所示。

SETP36▶ 使用▷（镜像工具）镜像复制耳朵图形，效果如图8-83所示。

图8-82 调整形状

图8-83 绘制耳朵

SETP37▶ 使用▢（圆角矩形工具）绘制猫头鹰的腿，效果如图8-84所示。

SETP38▶ 复制两个猫头鹰副本，将猫头鹰进行缩放调整后移到相应位置，至此本例制作完毕，效果如图8-85所示。

图8-84 绘制腿

图8-85 最终效果

本章练习 🔍

练习

绘制一个与动物有关的卡通插画，要求大小为260mm×195mm，自己选择一个适合的卡通形象作为主体，绘制与之相对应的插画效果。

第9章

Illustrator CS6

| 广告设计

广告设计是基于计算机平面设计技术应用的基础上，随着广告行业发展所形成的一个新职业。该职业的主要特征是对图像、文字、色彩、版面、图形等表达广告的元素，结合广告媒体的使用特征，在计算机上通过相关设计软件来为实现表达广告目的和意图所进行平面艺术创意的一种设计活动或过程。

所谓广告设计是指从创意到制作的这个中间过程。广告设计是广告的主题、创意、语言文字、形象、衬托五个要素构成的组合安排。广告设计的最终目的就是通过广告来达到吸引眼球的目的。

| 本章重点 ★

- 啤酒广告

- 手机广告

学习广告设计应对以下几点进行了解：

* ✵ 广告设计的 3I 要求
* ✵ 设计形式
* ✵ 广告分类
* ✵ 设计要求
* ✵ 广告设计欣赏

广告设计的3I要求

Impact(冲击力)

从视觉表现的角度来衡量，视觉效果是吸引受众并用他们喜欢的语言来传达产品的利益点。一则成功的平面广告在画面上应该有非常强的吸引力，例如科学运用、合理搭配色彩，准确运用图片等。

Information(信息内容)

一则成功的平面广告是通过简单、清晰的信息内容准确传递利益要点。广告信息内容要能够系统化地融合消费者的需求点、利益点和支持点等沟通要素。

Image(品牌形象)

从品牌的定位策略高度来衡量，一则成功的平面广告画面应该符合稳定、统一的品牌个性和符合品牌定位策略；在同一宣传主题下面的不同广告版本，其创作表现的风格和整体表现应该能够保持一致和连贯性。

设计形式

广告设计包括所有的广告形式，如二维广告、三维广告、媒体广告和展示广告等诸多广告形式。

作为广告形式的载体，主要通过报刊、广播、电视、电影、路牌、橱窗、印刷品、霓虹灯等媒介或形式。

广告分类

广告设计一般是根据传播媒介、投放地点、广告内容、广告目的、表现形式、广告阶段性等分类。

设计要求

若从空间概念界定，平面广告泛指现有的以长、宽两维形态传达视觉信息的各种广告；若从制作方式界定，可分为印刷类、非印刷类和光电类三种形态；若从使用场所界定，又可分为户外、户内及可携带式三种形态；若从设计的角度来看，它包含着文案、图形、线条、色彩、编排诸要素。平面广告因为传达信息简洁明了，能瞬间扣住人心，从而成为广告的主要表现手段之一。

广告设计欣赏

｜实例47　啤酒广告　🔍　**➡**

实例｜**目的**🖉

　　本实例的目的是让大家了解在 Illustrator 中使用各个工具以及命令相结合制作啤酒广告的方法。如图 9-1 所示为广告设计过程。

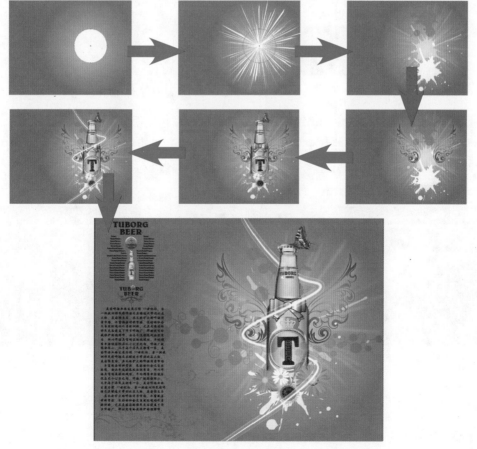

◀ 图9-1　绘制流程图

实例 ▸ 重点

- ✦ 渐变填充
- ✦ 粗糙化
- ✦ 内发光
- ✦ 外发光

- ✦ 混合模式与不透明度
- ✦ 插入符号符号着色
- ✦ 扩展

实例 ▸ 步骤

背景制作

SETP 1 执行菜单中的"文件/新建"命令，新建一个空白文档，使用▣（矩形工具）在文档中绘制一个"宽度"为260mm、"高度"为195mm的矩形，如图9-2所示。

SETP 2 矩形绘制完毕后选择矩形，在"渐变"面板中设置渐变色，参数值设置后，使用▣（渐变工具）调整渐变位置和大小，如图9-3所示。

③ 使用渐变工具调整渐变位置和大小

从左到右的颜色依次为(C:32 M:8 Y:9 K:0)、(C:88 M:48 Y:100 K:0)

◁ 图9-2 绘制矩形　　　　　　　　　　　　◁ 图9-3 渐变填充后

SETP 3 使用◯（椭圆工具）按住Shift键在渐变处绘制一个白色正圆，如图9-4所示。

SETP 4 执行菜单中的"效果/扭曲和变换/粗糙化"命令，打开"粗糙化"对话框，其中的参数设置如图9-5所示。

SETP 5 设置完毕单击"确定"按钮，效果如图9-6所示。

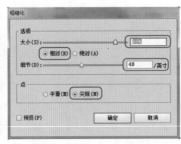

◁ 图9-4 绘制正圆　　　◁ 图9-5 "粗糙化"对话框　　　◁ 图9-6 粗糙化效果

SETP 6 执行菜单中的"效果/模糊/高斯模糊"命令，打开"高斯模糊"对话框，其中的参数设置如图9-7所示。

SETP 7 设置完毕后单击"确定"按钮，设置"混合模式"为"叠加"、"不透明度"为40%，此时背景制作完毕，效果如图9-8所示。

图9-7 "高斯模糊"对话框

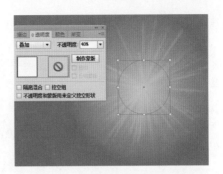

图9-8 应用高斯模糊并调整混合模式

广告区域制作

SETP 8 执行菜单中的"窗口/符号库/污点矢量包"命令，打开"污点矢量包"面板，选择其中的污点，将其拖动到文档中，如图9-9所示。

SETP 9 执行菜单中的"对象/扩展"命令，打开"扩展"对话框，直接单击"确定"按钮，将符号转换为矢量图，设置"不透明度"为50%，如图9-10所示。

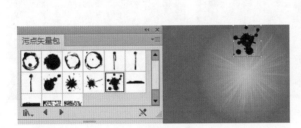

图9-9 插入符号

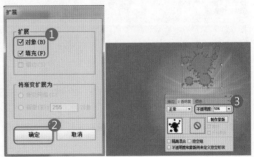

图9-10 扩展后调整不透明度

SETP10 在"污点矢量包"面板中选择另外两个污点矢量图，将其应用"扩展"命令后将污点填充为白色，如图9-11所示。

SETP11 执行菜单中的"窗口/符号库/绚丽矢量包"命令，打开"绚丽矢量包"面板，选择其中的符号，将其拖动到文档中，效果如图9-12所示。

图9-11 拖入矢量图扩展后填充白色

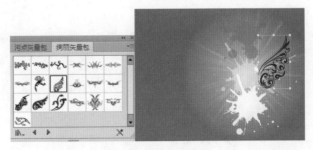

图9-12 插入符号

SETP12 将插入的符号应用"扩展"命令，再在"渐变"面板中设置渐变色，效果如图9-13所示。

SETP13▶ 执行菜单中的"效果/风格化/外发光"命令，打开"外发光"对话框，其中的参数设置如图9-14所示。

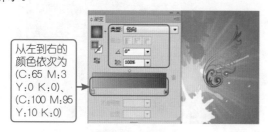

从左到右的颜色依次为
(C:65 M:3 Y:0 K:0)、
(C:100 M:95 Y:10 K:0)

◀ 图9-13 渐变色

◀ 图9-14 "外发光"对话框

SETP14▶ 设置完毕后单击"确定"按钮，使用 （镜像工具）镜像复制一个副本，效果如图9-15所示。

SETP15▶ 置入随书附带光盘中的"素材/第9章/啤酒"素材，单击"嵌入"按钮，调整大小并移动到相应位置，如图9-16所示。

SETP16▶ 再置入本章素材中的"蝴蝶"素材，效果如图9-17所示。

◀ 图9-15 应用外发光并镜像复制

◀ 图9-16 置入啤酒素材

◀ 图9-17 置入蝴蝶素材

SETP17▶ 执行菜单中的"窗口/符号库/花朵"命令，打开"花朵"面板，选择其中的多个花朵，将其拖动到文档中，效果如图9-18所示。

SETP18▶ 执行菜单中的"窗口/符号库/照亮丝带"命令，打开"照亮丝带"面板，选择其中的丝带，将其拖动到文档中，效果如图9-19所示。

SETP19▶ 将填充设置为红色，使用 （符号着色器工具）在符号上单击为其填充红色，效果如图9-20所示。

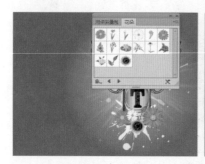

◀ 图9-18 插入花朵符号

◀ 图9-19 插入符号

◀ 图9-20 为符号填色

SETP20 使用 ✐（钢笔工具）绘制绕瓶子的路径，如图9-21所示。

SETP21 使用 ✐（宽度工具）将绘制的路径调整得宽一些，如图9-22所示。

SETP22 执行菜单中的"效果/风格化/外发光"命令，打开"外发光"对话框，其中的参数设置如图9-23所示。

◀ 图9-21 绘制路径 　　◀ 图9-22 应用宽度工具调整路径 　　◀ 图9-23 "外发光"对话框

SETP23 设置完毕单击"确定"按钮，效果如图9-24所示。

SETP24 执行菜单中的"效果/风格化/内发光"命令，打开"内发光"对话框，其中的参数设置如图9-25所示。

SETP25 设置完毕单击"确定"按钮，效果如图9-26所示。

◀ 图9-24 应用外发光 　　◀ 图9-25 "内发光"对话框 　　◀ 图9-26 应用内发光

SETP26 使用 ✐（钢笔工具）绘制路径，如图9-27所示。

SETP27 将路径与绕瓶发光路径一同选取，执行菜单中的"对象/剪贴蒙版/建立"命令，此时广告区域制作完毕，效果如图9-28所示。

◀ 图9-27 绘制路径 　　　　　　◀ 图9-28 剪贴蒙版

衬托部分制作

SETP28 执行菜单中的"窗口/符号库/绚丽矢量包"命令，打开"绚丽矢量包"面板，选择其中的符号，将其拖动到文档中，再为其应用"扩展"命令，效果如图9-29所示。

SETP29 设置"混合模式"为"差值"、"不透明度"为30%，效果如图9-30所示。

SETP30 通过（镜像工具）镜像复制一个副本，调整大小并改变位置，效果如图9-31所示。

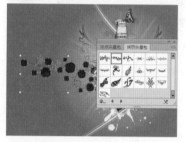

◁ 图9-29 插入符号应用扩展

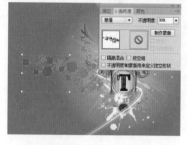

◁ 图9-30 设置混合模式

◁ 图9-31 镜像复制

SETP31 再置入本章中的"花纹"素材，设置"不透明度"为20%，效果如图9-32所示。

SETP32 使用 T （文本工具）键入文字，并置入本章中的"啤酒喝酒标"素材，如图9-33所示。

SETP33 在酒标上绘制一个正圆，将酒标与正圆一同选取，执行菜单中的"对象/剪贴蒙版/建立"命令，效果如图9-34所示。

◁ 图9-32 设置不透明度

◁ 图9-33 键入文字

◁ 图9-34 剪贴蒙版

SETP34 使用 （钢笔工具）绘制两个封闭路径，效果如图9-35所示。

SETP35 使用 （区域文字工具）在路径内键入英文beer，效果如图9-36所示。

SETP36 键入文字后执行菜单中的"文字/创建轮廓"命令，将文字转换为矢量图，按Ctrl+Shift+G键取消编组，将中间的字母O删除，效果如图9-37所示。

◁ 图9-35 绘制路径

◁ 图9-36 键入文字

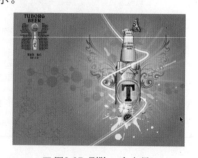

◁ 图9-37 删除一个字母

SETP37▶ 复制酒标，将其移动到删除字母的位置，效果如图9-38所示。

SETP38▶ 在绚丽矢量包中选择一个符号，将其拖动到文档中并调整大小，效果如图9-39所示。

图9-38 移动酒标

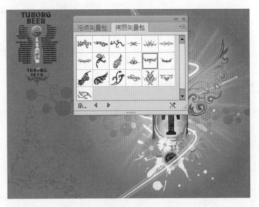

图9-39 插入符号

SETP39▶ 再使用 T（文本工具）键入一些说明文字，完成本例的制作，效果如图9-40所示。

图9-40 最终效果

实例48　手机广告

实例　目的

本实例的目的是让大家了解在 Illustrator 中使用各个工具以及命令相结合制作手机广告的方法。如图 9-41 所示为手机广告设计过程。

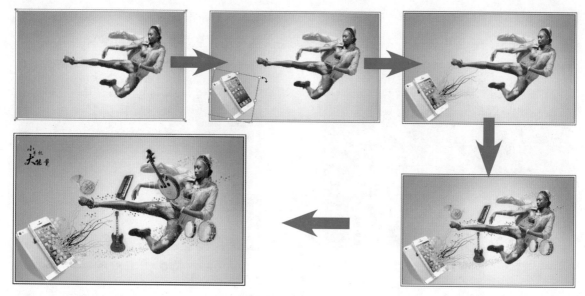

◁ 图9-41 绘制流程图

实例 ▶ 重点

- ★ 设置大小
- ★ 调整不透明度
- ★ 钢笔工具绘制路径进行描边
- ★ 添加蒙版

- ★ 置入素材添加外发光
- ★ 创建轮廓
- ★ 旋转扭曲变形文字

实例 ▶ 步骤

背景制作

SETP 1 执行菜单中的"文件/新建"命令，新建一个空白文档，置入本章素材中的"跃"素材，单击"嵌入"按钮，调整"宽度"为260mm、"高度"为162.5mm，如图9-42所示。

SETP 2 使用 ▢（矩形工具）绘制一个大小与素材一致的矩形轮廓，将"描边"色设置为白色，"描边宽度"为8pt，效果如图9-43所示。

◁ 图9-42 素材

◁ 图9-43 绘制矩形

SETP 3 执行菜单中的"对象/路径/轮廓化描边"命令，将轮廓转换为填充，效果如图9-44所示。

SETP 4 转换为填充后，再为填充设置轮廓，将描边色设置为黑色、"描边宽度"设置为2pt，至此背景部分制作完毕，效果如图9-45所示。

◀ 图9-44 转换轮廓为填充

◀ 图9-45 背景部分

手机部分效果制作

SETP 5 置入本章素材中的"手机"素材，单击"嵌入"按钮，将手机移到左下角，调整大小并进行相应的旋转，效果如图9-46所示。

SETP 6 使用 🖊 （钢笔工具）在手机左下角绘制黑色形状区域，如图9-47所示。

◀ 图9-46 置入素材

◀ 图9-47 绘制黑色形状

SETP 7 执行菜单中的"效果/模糊/高斯模糊"命令，打开"高斯模糊"对话框，其中的参数设置如图9-48所示。

SETP 8 设置完毕后单击"确定"按钮，效果如图9-49所示。

SETP 9 设置"不透明度"为40%，按Ctrl+[键将黑影调整到手机的后面，效果如图9-50所示。

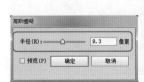

◀ 图9-48 "高斯模糊"对话框　　　◀ 图9-49 模糊后　　　◀ 图9-50 设置不透明度调整顺序

SETP10 打开本章素材中的"草蔓"素材，将草蔓选取后，按Ctrl+C键复制，转换到手机广告文档中，按Ctrl+V键粘贴，将草蔓粘贴到当前文档中后，调整大小并进行旋转，效果如图9-51所示。

SETP11 复制两个副本，填充为绿色和青色两种颜色，此时手机部分制作完毕，效果如图9-52所示。

◁ 图9-51 移入素材

◁ 图9-52 为副本填色

修饰部分效果制作

SETP12 执行菜单中的"窗口/画笔库/装饰/装饰_散布"命令，打开"装饰_散布"面板，选择"气泡"后，使用 （画笔工具）绘制气泡画笔，效果如图9-53所示。

SETP13 使用 （钢笔工具）在人物与手机之间绘制路径，如图9-54所示。

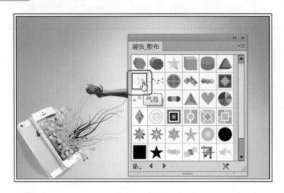

◁ 图9-53 绘制气泡

◁ 图9-54 绘制路径

SETP14 在"装饰_散布"面板中单击"五彩纸屑"，使用五彩纸屑对路径进行描边，效果如图9-55所示。

SETP15 设置"描边宽度"为0.5pt，效果如图9-56所示。

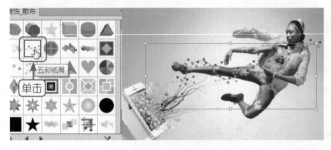

◁ 图9-55 描边路径

◁ 图9-56 设置描边宽度

SETP16 执行菜单中的"窗口/透明度"命令，打开"透明度"面板，单击"制作蒙版"按钮，进入蒙版状态后，选择"蒙版"缩略图，使用 （钢笔工具）在人物腿上绘制黑色形状，效果如图9-57所示。

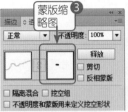

图9-57 创建蒙版

SETP17 创建蒙版后会产生一种路径围绕人物的感觉，效果如图9-58所示。

SETP18 使用同样的方法制作另一条"点环"围绕效果，效果如图9-59所示。

图9-58 创建蒙版后   图9-59 围绕

SETP19 置入本章中"乐器"素材中的一个，调整大小并进行旋转，效果如图9-60所示。

SETP20 执行菜单中的"效果/风格化/外发光"命令，打开"外发光"对话框，其中的参数设置如图9-61所示。

SETP21 设置完毕后单击"确定"按钮，效果如图9-62所示。

图9-60 置入素材   图9-61 "外发光"对话框   图9-62 添加外发光

SETP22 使用同样的方法，将其他的乐器置入到文档中，并为其添加外发光，效果如图9-63所示。

图9-63 置入素材

203

文字部分效果制作

SETP23 使用 **T**（文本工具）在右上角处键入文字"小手机、大能量"，效果如图9-64所示。

SETP24 选择下面的文字，执行菜单中的"文字/创建轮廓"命令，将文字转换为矢量图，效果如图9-65所示。

SETP25 选择"大"字，执行菜单中的"窗口/图形样式库/涂抹效果"命令，打开"涂抹效果"面板，选择其中的"涂抹2"单击，效果如图9-66所示。

图9-64 键入文字

图9-65 转换文字为矢量图

图9-66 为矢量文字填充涂抹效果

SETP26 使用 （旋转扭曲工具）在"大"字左下角处按住鼠标，将文字旋转扭曲，效果如图9-67所示。

SETP27 使用 （旋转扭曲工具）在"量"字右下角处按住鼠标，将文字旋转扭曲，效果如图9-68所示。

SETP28 至此本例制作完毕，效果如图9-69所示。

图9-67 旋转扭曲

图9-68 旋转扭曲

图9-69 最终效果

本章练习 🔍

练习

设计一个"牛奶"广告，要求大小为180mm×135mm，设计时一定要围绕牛奶主题进行制作。

第10章

Illustrator CS6

| 书籍装帧设计

书籍装帧设计是指从书籍文稿到成书出版的整个设计过程，也是完成从书籍形式的平面化到立体化的过程，它包含了艺术思维、构思创意和技术手法的系统设计。书籍的开本、装帧形式、封面、腰封、字体、版面、色彩、插图以及纸张材料、印刷、装订及工艺等各个环节的艺术设计。在书籍装帧设计中，只有从事整体设计的才能称之为装帧设计或整体设计，只完成封面或版式等部分设计的，只能称做封面设计或版式设计。

| 本章重点

宣传册封面设计

技术类图书封面设计

学习书籍装帧设计应对以下几点进行了解：

✳ 装帧构成

✳ 设计要素

装帧构成 🔍 ➡

一般装帧设计的装订技术分为平装和精装两种。

平装是相对于精装来说的，所谓的"平"是指一般、朴素和普通。在装订结构上平装与精装大致相同，只是装帧时用的材料和设计形式不同。

精装书籍是相对于平装书籍来说的，其内页的装订基本相同，但是在装订使用的材料上与平装有着很大的区别，例如精装会用坚固的材料作为封面，以便更好地保护书页，同时大量使用精美的材料装帧书籍，例如在封面材料上使用羊皮、绒、漆布、绸缎、亚麻等。

书籍的结构有多种术语，下面就对此逐

一说明：

✳ 书芯：由扉页、目录、正文等部分构成的阅读主体，这是书中用纸量最大的部分。

✳ 书封：套在书芯外面起保护和装饰作用的部分，包括封面、封底、勒口和书背。书封通常用较厚的纸，但不能厚得在折叠或压槽时开裂。

✳ 封面：指书封的首页，有书名、作者名、出版社名称，文艺类书籍通常还会有简单的宣传语。

✳ 封底：指书封的末页，有条形码、书号、定价等信息。条形码必须印在一个白色的方块上。

✳ 勒口：封面或封底在开口处向内折的部分。并不是每本书都有勒口，但勒口可以加固开口处的边角，并丰富书封的内容，勒口处常有些内容简介、作者简介、书评等书的介绍。

✳ 书脊：指封面和封底相连的地方，这里有书名、作者名、出版社名称或其他信息。

✳ 压槽：指在封面上距离书脊大约1cm有一条折线，这使读者在打开封面时不会把底下的书芯带起来。

✳ 腰封：在书封外另套的一层可拆卸的装饰纸，可用铜版纸或特种纸，上面印有宣传语。

✳ 衬纸：夹在书封和书芯之间的装饰页。

✳ 插页：一些重要的图标或插图，夹在正文中，或放在正文的前面。

✳ 扉页：书芯的首页，至少要有书名、作者名和出版社名称。

✳ 版权页：在扉页背面或书芯的最后一页，记录有关出版的信息。

✳ 开本：如"890mm×1230mm"，是指该书的书芯使用的全张纸尺寸是890mm×1230mm，最终的成品尺寸是32开等。

✳ 字数：内文的行数乘以每行的字数，是图书的版面字数。

✴　版心：页面中主要内容所在的区域。

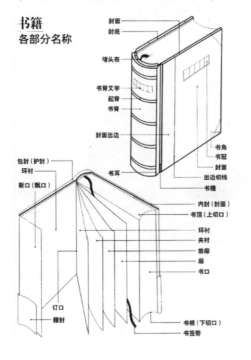

┃ 设计要素 🔍 ➡

文字

　　封面上要有简练的文字，主要是书名（包括丛书名、副书名）、作者名和出版社名。这些留在封面上的文字信息，在设计中起着举足轻重的作用。

图形

　　包括摄影、插图和图案，有写实的、有抽象的，还有写意的。

色彩

　　书籍设计中色彩语言表达的一致性，将发挥色彩的视觉作用。色彩是最容易打动读者的设计语言，虽然每个人对色彩的感觉有所差异，但对色彩的感官认识是有共同之处的。因此，色调的设计要与书籍内容的基本情调保持完整性。

构图

　　构图的形式有垂直、水平、倾斜、曲线、交叉、向心、放射、三角、叠合、边线、散点和底纹等。

┃ 实例49　宣传册封面设计 🔍 ➡

实例 ▶ 目的 🖉

　　本实例的目的是让大家了解在 Illustrator 中使用各个工具以及命令相结合制作杂志封面的方法。如图 10-1 所示为封面设计过程。

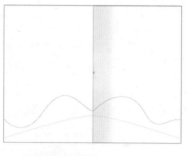 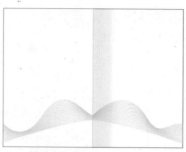 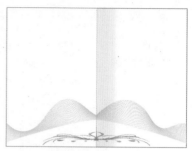

  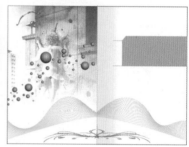

图10-1 绘制流程图

实例 重点

✹ 绘制矩形   ✹ 渐变填充

✹ 绘制路径   ✹ 偏移路径

✹ 混合   ✹ 旋转扭曲变形

✹ 插入符号

实例 步骤

背景制作

SETP 1 执行菜单中的"文件/新建"命令，新建一个空白文档，使用 ■（矩形工具）在文档中绘制一个"宽度"为260mm、"高度"为195mm的矩形，如图10-2所示。

图10-2 "矩形"对话框

SETP 2 执行菜单中的"视图/标尺/显示标尺"命令，在文档中显示标尺或直接按Ctrl+R键，将标尺显示出来，如图10-3所示。

图10-3 显示标尺

执行菜单中的"视图/标尺/显示标尺"命令，可以显示文档中的标尺，此时"显示标尺"命令会变成"隐藏标尺"命令，执行此命令会将标尺隐藏，按Ctrl+R键可以将标尺在显示与隐藏之间进行转换。

SETP 3 使用 （选择工具）在左面的标尺上向内部拖动，此时会出现一个辅助线，当到达中心位置时，系统会自动停顿一下，将辅助线停放在中间位置，效果如图10-4所示。

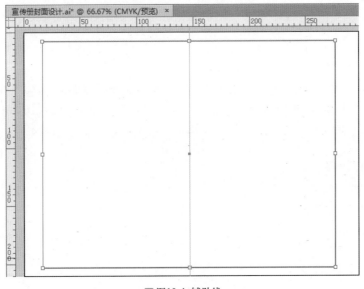

图10-4 辅助线

SETP 4 使用▢（矩形工具）在右面绘制一个矩形，并为其在"渐变"面板中设置渐变色，效果如图10-5所示。

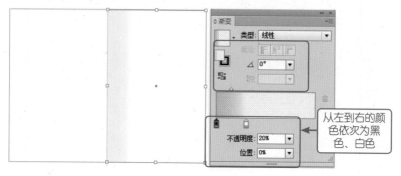

图10-5 设置渐变

SETP 5 使用✐（钢笔工具）在文档中绘制路径，如图10-6所示。

SETP 6 将绘制的两条路径一同选取，执行菜单中的"对象/混合/建立"命令，得到如图10-7所示的效果。

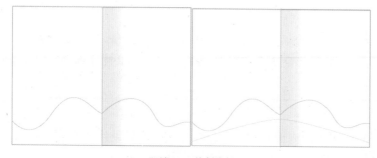

图10-6 绘制路径

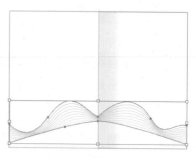

图10-7 混合

SETP 7 执行菜单中的"对象/混合/混合选项"命令，打开"混合选项"对话框，其中的参数设置如图10-8所示。

SETP 8 设置完毕单击"确定"按钮，效果如图10-9所示。

SETP 9 执行菜单中的"窗口/符号库/绚丽矢量包"命令，打开"绚丽矢量包"对话框，选择其中的一个符号拖动到文档中，调整大小后，设置"不透明度"为40%，如图10-10所示。

图10-8 "混合选项"对话框

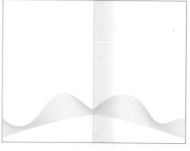

图10-9 编辑混合后

图10-10 插入符号

SETP10 再使用 ■（镜像工具）将符号进行水平翻转，此时背景部分制作完毕，如图10-11所示。

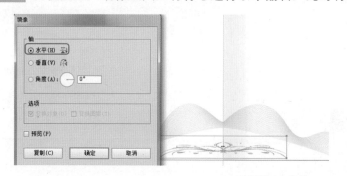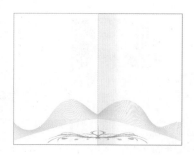

◀ 图10-11　背景

宣传册左半部分的制作

SETP11 置入随书附带光盘中的"素材/第10章/天使"素材，单击属性栏中的"嵌入"按钮，将"天使"素材嵌入到文档中，调整素材的大小，效果如图10-12所示。

◀ 图10-12　置入素材

SETP12 在"透明度"面板中单击"制作蒙版"按钮，进入蒙版状态，如图10-13所示。

◀ 图10-13　添加蒙版

SETP13 进入蒙版状态后，使用 ■（矩形工具）绘制一个矩形，在"透明度"面板中设置渐变色，效果如图10-14所示。

SETP14 在"透明度"面板中，勾选"剪切"复选框，将渐变蒙版以外的区域以黑色填充，此时效果如图10-15所示。

从左到右的
颜色依次为
白色、黑色

■ 图10-14 使用渐变编辑蒙版

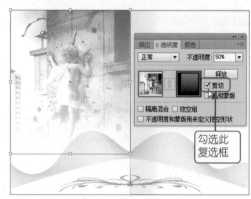

勾选此
复选框

■ 图10-15 蒙版编辑

SETP15 使用◉（椭圆工具）在左半部分绘制一个正圆，如图10-16所示。

SETP16 在"渐变"面板中为绘制的正圆设置渐变色，再使用▣（渐变工具）调整渐变位置，效果如图10-17所示。

■ 图10-16 绘制正圆

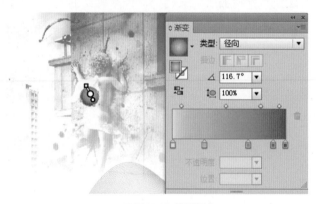

■ 图10-17 编辑渐变

SETP17 按住Alt键移动小球，系统会复制一个副本，将副本进行缩小并改变位置，使用同样的方法复制多个小球，至此左半部分制作完毕，效果如图10-18所示。

■ 图10-18 复制

宣传册右半部分的制作

SETP18 使用 ▭（矩形工具）绘制一个浅蓝色矩形，如图10-19所示。

SETP19 使用 ✐（钢笔工具）在矩形左上角处绘制一个轮廓，如图10-20所示。

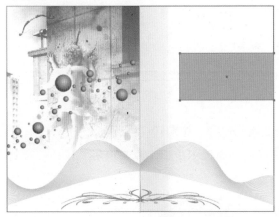

■ 图10-19 绘制矩形

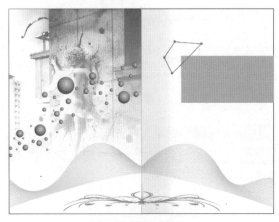

■ 图10-20 绘制轮廓

SETP20 将轮廓与刚才绘制的浅蓝色矩形一同选取，在"路径查找器"面板中单击"减去顶层"按钮，效果如图10-21所示。

SETP21 使用 ✐（钢笔工具）在矩形左面绘制两条轮廓线条，效果如图10-22所示。

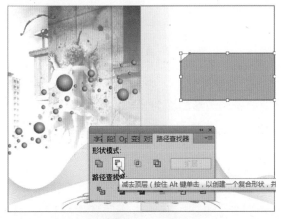

■ 图10-21 编辑

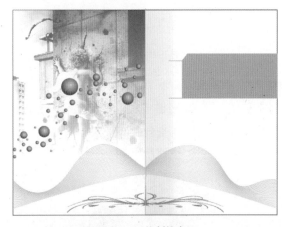

■ 图10-22 绘制轮廓

SETP22 将绘制的两条线条一同选取，执行菜单中的"对象/混合/建立"命令，将线条创建混合效果，双击 ▨（混合工具）打开"混合选项"面板，设置参数后得到如图10-23所示的效果。

SETP23 使用 ▭（矩形工具）绘制一个矩形后，复制两个副本，如图10-24所示。

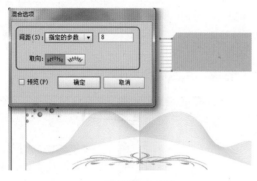

图10-23 混合

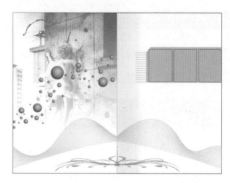

图10-24 复制

SETP24 使用 ✐（钢笔工具）在最左面矩形的右上角处绘制轮廓，如图10-25所示。

SETP25 将轮廓与后面的矩形一同选取，在"路径查找器"面板中单击"减去顶层"按钮，得到如图10-26所示的效果。

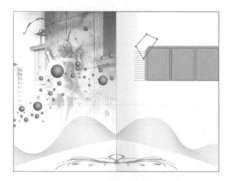

图10-25 绘制轮廓

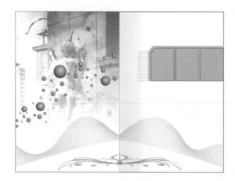

图10-26 减去顶层

SETP26 置入随书附带光盘中的"素材/第10章/设计广告"素材，单击"嵌入"按钮，将素材嵌入到文档中，按Ctrl+[键多次，将其向后调整顺序，直到调整到矩形后面为止，如图10-27所示。

SETP27 将矩形框与素材一同选取，执行菜单中的"对象/剪贴蒙版/建立"命令，为素材创建剪贴蒙版，效果如图10-28所示。

图10-27 置入素材

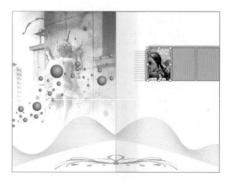

图10-28 剪贴蒙版

SETP28 执行菜单中的"对象/剪贴蒙版/编辑内容"命令，进入编辑状态，调整图像大小，效果如

图10-29所示。

`SETP29` 使用同样的方法，将"旧船和溶解"素材置入到文档中并进行剪贴蒙版，效果如图10-30所示。

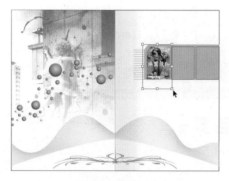

◀ 图10-29 编辑　　　　　　　　　　　　　　　◀ 图10-30 剪贴蒙版

`SETP30` 使用 ✎（直线段工具）绘制直线，再执行菜单中的"窗口/描边"命令，打开"描边"面板，设置"箭头"，效果如图10-31所示。

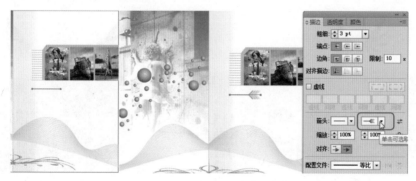

◀ 图10-31 绘制直线并添加箭头

`SETP31` 使用 T（文本工具）键入文字"作品集"，如图10-32所示。

`SETP32` 执行菜单中的"文字/创建轮廓"命令，将文字转换为矢量图，再使用 ◙（旋转扭曲工具）在文字的左右下角处按住鼠标进行旋转扭曲或按住Alt键再按下鼠标进行旋转扭曲，如图10-33所示。

◀ 图10-32 键入文字　　　　　　　　　　　　　◀ 图10-33 旋转扭曲

SETP33 执行菜单中的"窗口/画笔库/装饰/装饰_散布"命令，打开"装饰_散布"面板，选择其中的"画笔"，将其拖动到文档中，再键入左面的文字，效果如图10-34所示。

图10-34 插入画笔

SETP34 执行菜单中的"窗口/画笔库/至尊矢量包"命令，打开"至尊矢量包"面板，选择其中的"翅膀"符号，将其拖动到文档中，再执行菜单中的"对象/扩展"命令，将符号转换为矢量图，移动位置，效果如图10-35所示。

图10-35 插入符号转换为矢量图

SETP35 在两个翅膀图形中间键入文字，如图10-36所示。

SETP36 选择文字，执行菜单中的"文字/创建轮廓"命令，选择上面的英文，为其填充渐变色，效果如图10-37所示。

图10-36 键入文字

图10-37 渐变色

SETP37 执行菜单中的"对象/路径/偏移路径"命令，打开"偏移路径"对话框，设置参数如图10-38所示。

SETP38 设置完毕后单击"确定"按钮，将偏移后的区域填充为黑色，效果如图10-39所示。

图10-38 "偏移路径"对话框

图10-39 偏移路径后

SETP39 使用 ◯（椭圆工具）绘制两个正圆虚线轮廓，效果如图10-40所示。

SETP40 选择两个正圆轮廓，执行菜单中的"对象/混合/建立"命令，在"混合选项"对话框中设置参数，得到如图10-41所示的效果。

图10-40 绘制正圆轮廓

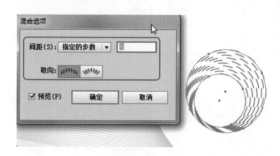

图10-41 混合

SETP41 设置"不透明度"为30%，效果如图10-42所示。

SETP42 至此本例"宣传册封面"制作完毕，效果如图10-43所示。

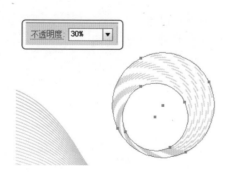

图10-42 不透明度

图10-43 最终效果

实例 目的

　　本实例的目的是让大家了解在 Illustrator 中使用各个工具以及命令相结合制作技术类图书封面的方法。如图 10-44 所示为封面设计过程。

◧ 图10-44 绘制流程图

实例 重点

　　✴ 剪贴蒙版　　　　　　　　　　　✴ 插入符号

　　✴ 混合模式与不透明度　　　　　　✴ 扩展符号为矢量图

实例 步骤

封面背景图像合成制作

SETP 1 执行菜单中的"文件/新建"命令，新建一个空白文档，使用▣（矩形工具）在文档中绘制一个"宽度"为185mm、"高度"为260mm的橘色矩形,如图10-45所示。

SETP 2 置入随书附带光盘中的"素材/第10章/背景"素材,单击"嵌入"按钮,将素材嵌入到文档中,如图10-46所示。

SETP 3 在属性栏中单击"约束宽度与高度比例"按钮,设置高度为260mm,效果如图10-47所示。

图10-45 绘制矩形

图10-46 素材

图10-47 调整大小

SETP 4 使用 □(矩形工具)在素材上面绘制一个"宽度"为185mm、"高度"为260mm的矩形,将矩形与素材一同选取,执行菜单中的"对象/剪贴蒙版/建立"命令,将素材创建矩形剪贴蒙版,效果如图10-48所示。

SETP 5 选择剪贴蒙版后的区域,在"透明度"面板中设置"混合模式"为"明度"、"不透明度"为50%,此时背景部分制作完毕,效果如图10-49所示。

图10-48 剪贴蒙版

图10-49 背景部分

封面图像部分制作

SETP 6 在背景上使用 □(矩形工具)绘制一个矩形,在"渐变"面板中设置渐变为从黑色到白色再到黑色的线性渐变,效果如图10-50所示。

SETP 7 在"透明度"面板中设置"混合模式"为"叠加",效果如图10-51所示。

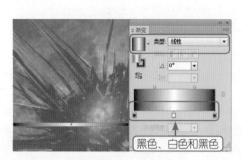

◀ 图10-50 渐变

◀ 图10-51 混合模式

SETP 8 ▶ 打开随书附带光盘中的"素材/第10章/树"素材，选择其中的图形，将其复制到当前文档中，调整大小并改变位置，效果如图10-52所示。

SETP 9 ▶ 使用 ◢（直线段工具）在树叶处绘制橘色垂直直线，如图10-53所示。

SETP10 ▶ 置入随书附带光盘中的"素材/第10章/旧船"素材，单击"嵌入"按钮，将素材嵌入文档中，如图10-54所示。

◀ 图10-52 移入素材

◀ 图10-53 绘制直线

◀ 图10-54 素材

SETP11 ▶ 使用 ✿（星形工具）绘制一个五角星，效果如图10-55所示。

SETP12 ▶ 将星形与素材一同选取，执行菜单中的"对象/剪贴蒙版/建立"命令，为素材创建剪贴蒙版，效果如图10-56所示。

SETP13 ▶ 将星形边框设置为"橘色"，执行菜单中的"对象/剪贴蒙版/编辑内容"命令，进入编辑状态，调整图像大小，效果如图10-57所示。

◀ 图10-55 星形

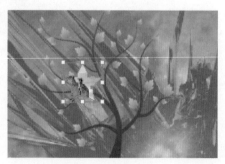

◀ 图10-56 剪贴蒙版

◀ 图10-57 编辑

SETP14 执行菜单中的"效果/风格化/外发光"命令，打开"外发光"对话框，其中的参数设置如图10-58所示。

SETP15 设置完毕单击"确定"按钮，效果如图10-59所示。

SETP16 使用同样的方法制作另外的几个星形，此时封面图像部分制作完毕，效果如图10-60所示。

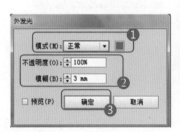

◀ 图10-58　"外发光"对话框　　　　◀ 图10-59 外发光　　　　◀ 图10-60 封面图像部分

封面顶部制作

SETP17 使用▢（圆角矩形工具）绘制一个橘色圆角矩形，再使用／（直线段工具）绘制一条黑色线条，如图10-61所示。

SETP18 使用▮（文本工具）键入不同颜色的文字，效果如图10-62所示。

◀ 图10-61 绘制圆角矩形和直线　　　　　　　　　　◀ 图10-62 键入文字

SETP19 再使用▮（文本工具）选择喜欢的文字字体，在封面顶部键入书名，效果如图10-63所示。

SETP20 使用▢（圆角矩形工具）绘制一个白色圆角矩形，再使用▮（文本工具）键入作者名字，此时封面顶部制作完毕，效果如图10-64所示。

◀ 图10-63 键入书名　　　　　　　　　　　　◀ 图10-64 绘制圆角矩形并键入文字

封面底部制作

SETP21 使用□（矩形工具）绘制一个白色矩形，设置"不透明度"为50%，效果如图10-65所示。

SETP22 置入随书附带光盘中的"素材/第10章/光盘"素材，单击"嵌入"按钮将素材嵌入到文档中，效果如图10-66所示。

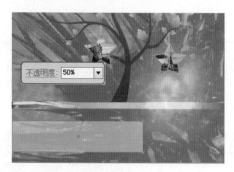

◀ 图10-65 绘制矩形　　　　　　　　　　　　◀ 图10-66 置入素材

SETP23 使用T（文本工具）键入说明文字，效果如图10-67所示。

SETP24 使用□（圆角矩形工具）绘制一个白色圆角矩形，再使用T（文本工具）键入出版社名称，效果如图10-68所示。

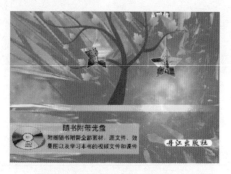

◀ 图10-67 键入文字　　　　　　　　　　　　◀ 图10-68 绘制圆角矩形和键入文字

SETP25 在"符号"面板中选择"丝带"符号，将其拖入到文档中，效果如图10-69所示。

图10-69 插入符号

SETP26 执行菜单中的"对象/扩展"命令，将符号转换为矢量图，将"填充"设置为白色，效果如图10-70所示。

SETP27 此时封面底部制作完毕，效果如图10-71所示。

图10-70 转换符号为矢量图

图10-71 封面底部

封面修饰部分制作

SETP28 在四个角位置绘制橘色矩形，再分别在顶部和底部绘制橘色线条，如图10-72所示。

图10-72 修饰

SETP29 在顶部键入白色丛书名称，至此本例制作完毕，效果如图10-73所示。

SETP30 在制作的过程中改变一下颜色色调可以得到另一种封面效果，如图10-74所示。

图10-73 最终效果   图10-74 最终效果

本章练习

练习

为自己喜欢的图书设计一个封面和封底。

第11章

Illustrator CS6

| 网页设计

　　网页的页面设计主要讲究的是页面的布局，也就是使各种网页构成要素（如文字、图像、图表、菜单等）在网页浏览器中有效地排列起来。在设计网页页面时，需要从整体上把握好各种要素的布局，利用好表格或网格进行辅助设计。只有充分地利用、有效地分割有限的页面空间，或创造出新的空间，并使其布局合理，才能制作出好的网页。

| 本章重点

- 汽车网页设计
- 学校网页界面设计

学习网页设计应对以下几点进行了解：

✦ 网页设计中的布局分类形式

✦ 网页的设计制作要求

网页设计中的布局分类形式

设计网页页面时常用的版式有单页和分栏两种，在设计时需要根据不同的网站性质和页面内容选择合适的布局形式，通过不同的页面布局形式可以将常见的网页分为以下几种类型。

✦ "国"字型：这种结构是网页上使用最多的一种结构类型，是综合性网站常用的版式，即最上面是网站的标题以及横幅广告条，接下来就是网站的主要内容，左右分列小条内容。通常情况下，左侧是主菜单，右侧放友情链接等次要内容，中间是主要内容，与左右一起罗列到底，最底端是网站的一些基本信息、联系方式、版权声明等。这种版面的优点是页面饱满、内容丰富、信息量大；缺点是页面拥挤、不够灵活。

✦ 拐角型：又称 T 字型布局，这种结构与上一种相比只是形式上有区别，其实是很相近的，就是网页上边和左右两侧相结合的布局，通常右侧为主要内容，比例较大。在实际运用中还可以改变 T 布局的形式，如左右两栏式布局，一半是正文，另一半是形象的图像或导航栏。这种版面的优点是页面

结构清晰、主次分明，易于使用；缺点是规矩呆板，如果细节色彩上不到位，很容易让人"看之无味"。

✦ 标题正文型：这种类型即上面是标题，下面是正文，一些文章页面或注册页面多属于此类型。

✦ 左右框架型：这是一种分为左右布局的网页，页面结构非常清晰，一目了然。

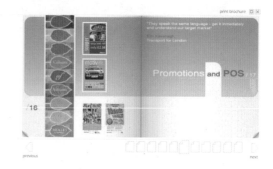

✦ 上下框架型：与左右框架型类似，区别仅仅在于上下框架型是一种将页面分为上下结构布局的网页。

* 综合框架型：综合框架型网页是一种将左右框架型与上下框架型相结合的网页结构布局方式。

* 封面型：这种类型的页面设计一般很精美，通常出现在时尚类网站、企业网站或个人网站的首页，其优点是显而易见、美观吸引人；缺点是速度慢。

* Flash 型：Flash 型是目前非常流行的一种页面形式，由于 Flash 功能的强大，页面

所表达的信息更加丰富，且视觉效果出众。

网页的设计制作要求

页面设计通过文字与图像的空间组合，表达出和谐与美感。在设计过程中一定要根据内容的需要，合理地将各类元素按次序编排，使它们组成一个有机的整体，展现给广大的观众。因此在设计中可以依据如下几条原则。

* 根据网页主题内容确定版面结构。

* 有共性，才有统一，有细节区别，就有层次，做到主次分明，中心突出。

* 防止设计与实现过程中的偏差，不要定死具体要放多少条信息。

* 设计的部分要配合整体风格，不仅页面上各项设计要统一，而且网站的各级别页面也要统一。

* 页面要"透气"，就是信息不要太过集中，以免文字编排太紧密，可适当留一些空白。但要根据平面设计原理来设计，比如分栏式结构就不宜留白。

* 图文并茂，相得益彰。注重文字和图

片的互补视觉关系，相互衬托，增加页面活跃性。

> ✦ 充分利用线条和形状，增强页面的艺术魅力。
>
> ✦ 还要考虑到浏览器上部占用的屏幕空间，防止图片截断等造成视觉效果不好。

网页类型设计可以根据实际情况决定，可以是商业网站、文化娱乐网站、电影网站或个人网站等。

设计时依据平面设计的基本原理，巧妙安排构成要素，进行页面形式结构的设计，要求主题鲜明、布局合理、图文并茂、色彩和谐统一，设计需要能够体现独创性和艺术性。

实例51 汽车网页设计 Q →

实例 ▶ 目的

本实例的目的是让大家了解在 Illustrator 中使用各个工具以及命令相结合制作汽车网页界面的方法，如图 11-1 所示即为汽车网页设计过程。

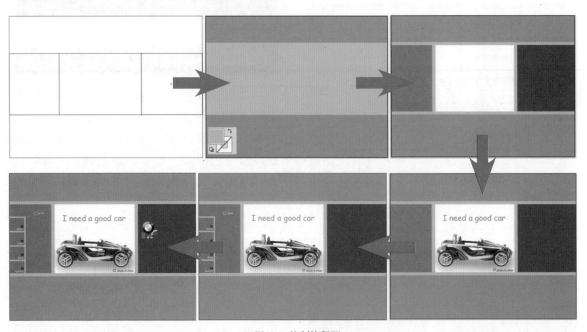

◢ 图11-1 绘制流程图

实例 ▶ 重点

> ✦ 矩形工具
>
> ✦ 钢笔工具
>
> ✦ 高斯模糊

> ✦ 添加投影
>
> ✦ 设置不透明度
>
> ✦ 网页布局设计

实例 步骤

SETP 1 执行菜单中的"文件/新建"命令,新建一个空白文档,使用□(矩形工具)在文档中绘制矩形并在矩形内绘制小矩形,将整体的网页布局模式设计出来,如图11-2所示。

◁ 图11-2 绘制矩形以制作网页布局模式

背景制作

SETP 2 布局模式设置完毕后,开始按照布局制作整体的网页效果,首先制作网页的背景部分,使用□(矩形工具)在文档中绘制一个"宽度"为290mm、"高度"为220mm的矩形,将填充色设置为(C:60 M:43 Y:69 K:1),如图11-3所示。

SETP 3 使用□(矩形工具)在中间部分绘制矩形,设置填充色为(C:31 M:26 Y:35 K:0),如图11-4所示。

SETP 4 再使用□(矩形工具)在中间区域绘制三个高度一致的矩形,颜色分别为绿色、白色和深灰色,此时背景部分制作完毕,效果如图11-5所示。

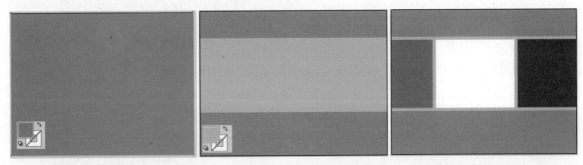

◁ 图11-3 绘制矩形　　　　◁ 图11-4 绘制矩形　　　　◁ 图11-5 绘制不同颜色的矩形

中间汽车主体部分的制作

SETP 5 置入随书附带光盘中的"素材/第11章/老爷车"素材,置入到背景上面之后移动到相应位置,如图11-6所示。

SETP 6 使用 ✎(钢笔工具)在汽车中部以下位置绘制黑色形状,如图11-7所示。

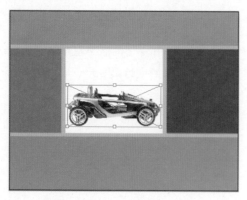

◀ 图11-6 置入素材

◀ 图11-7 绘制黑色形状

SETP 7▶ 执行菜单中的"效果/模糊/高斯模糊"命令，打开"高斯模糊"对话框，其中的参数设置如图11-8所示。

SETP 8▶ 设置完毕单击"确定"按钮，效果如图11-9所示。

◀ 图11-8 "高斯模糊"对话框

◀ 图11-9 模糊后

SETP 9▶ 设置模糊后黑色形状的"不透明度"为60%，效果如图11-10所示。

SETP10▶ 执行菜单中的"对象/排列/后移一层"命令，或按Ctrl+[键，此时阴影区域制作完毕，效果如图11-11所示。

◀ 图11-10 设置不透明度

◀ 图11-11 阴影区域

STEP11 执行菜单中的"窗口/符号库/网页图标"命令，打开"网页图标"面板，选择其中的一个符号，将其拖动到汽车下面，调整大小，设置"不透明度"为50%，效果如图11-12所示。

◀ 图11-12 插入符号调整大小并设置不透明度

STEP12 使用 T （文本工具）键入文字并调整不透明度，完成其中主体部分的制作，效果如图11-13所示。

◀ 图11-13 汽车主体部分

左面导航区域部分的制作

STEP13 使用 □ （矩形工具）绘制矩形，并使用矩形拼成正方形区域，效果如图11-14所示。

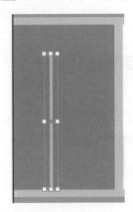

◀ 图11-14 绘制矩形

SETP14 将水平矩形一同选取，单击属性栏中的"垂直顶部分布"按钮，效果如图11-15所示。

SETP15 使用 T（文本工具）键入白色文字，效果如图11-16所示。

◀ 图11-15 分布　　　　　　　　　　　　　　◀ 图11-16 键入文字

SETP16 文字键入完毕后，执行菜单中的"效果/风格化/投影"命令，打开"投影"对话框，其中的参数设置如图11-17所示。

SETP17 设置完毕单击"确定"按钮，效果如图11-18所示。

SETP18 使用同样的方法键入下面的文字并添加投影，效果如图11-19所示。

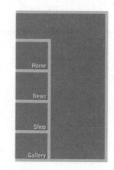

◀ 图11-17 "投影"对话框　　◀ 图11-18 添加投影　　◀ 图11-19 为文字添加投影

SETP19 在白色文字上面再键入黑色的数字，效果如图11-20所示。

SETP20 使用 □（矩形工具）绘制一个白色矩形轮廓，再键入白色文字，此时左面导航区制作完毕，效果如图11-21所示。

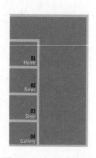

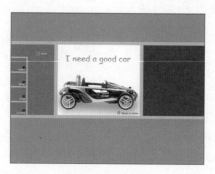

◀ 图11-20 键入文字　　　　　　　　◀ 图11-21 导航区

右面标志区域部分的制作

SETP21 置入随书附带光盘中的"素材/第11章/滑雪和车标"素材，置入到背景上后移动到相应位置，如图11-22所示。

SETP22 使用 T（文本工具）键入英文字母，如图11-23所示。

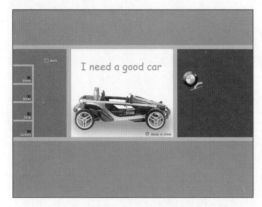

◁ 图11-22 置入素材

◁ 图11-23 键入文字

SETP23 单独框选字母，将其第一个字母变大，颜色设置为绿色，至此本例制作完毕，效果如图11-24所示。

◁ 图11-24 最终效果

实例52 学校网页界面设计 🔍

实例 目的

本实例的目的是让大家了解在 Illustrator 中使用各个工具以及命令相结合制作学校网页界面的方法，如图 11-25 所示为网页设计过程。

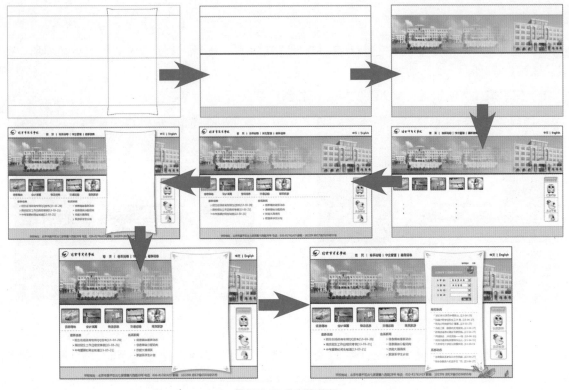

图11-25 绘制流程图

实例 重点

- ★ 矩形工具
- ★ 直线段工具
- ★ 直接选择工具
- ★ 设置直线虚线

- ★ 外发光
- ★ 投影
- ★ 网页布局设计

实例 步骤

SETP 1 执行菜单中的"文件/新建"命令，新建一个空白文档，使用□（矩形工具）、▱（直线段工具）结合▶（直接选择工具）在文档中绘制矩形，并在矩形内绘制直线，在上面绘制一个矩形并调整形状，将整体的网页布局模式设计出来，如图11-26所示。

图11-26 绘制矩形以制作网页布局模式

背景制作

SETP 2 布局模式设置完毕后，开始按照布局制作整体的网页效果，首先制作网页的背景部分，使用□（矩形工具）在文档中绘制一个"宽度"为250mm、"高度"为158mm的矩形，在内部绘制直线后，将底下的部分绘制矩形，如图11-27所示。

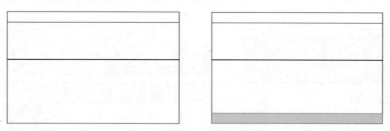

◀ 图11-27 绘制矩形和线段

SETP 3 置入随书附带光盘中的"素材/第11章/校园"素材，置入素材后调整大小并移动到相应位置，至此背景制作完成，效果如图11-28所示。

◀ 图11-28 背景部分

Logo与导航区域部分

SETP 4 置入随书附带光盘中的"素材/第11章/学校标志"素材，将置入的素材移到左上角，如图11-29所示。

SETP 5 使用 T（文本工具）在标志后面设置文字大小和字体后键入文字，至此标志区域制作完毕，效果如图11-30所示。

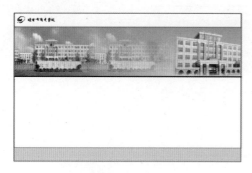

◀ 图11-29 置入标志

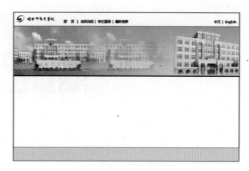

◀ 图11-30 键入文字

内容1区域制作

SETP 6 置入随书附带光盘中的"素材/第11章/项目符号、11-4和11-6"素材，置入素材后移到相应位置，效果如图11-31所示。

SETP 7 使用 ✏ （直线段工具）绘制直线，在"描边"面板中设置虚线效果，效果如图11-32所示。

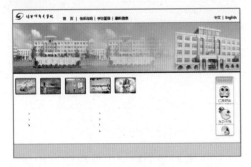

图11-31 置入素材

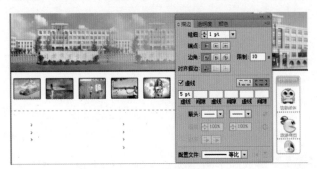

图11-32 绘制直线

SETP 8 使用 Ｔ （文本工具）在素材下面设置文字大小和字体后键入文字，至此内容1部分制作完毕，效果如图11-33所示。

图11-33 键入文字

底部说明部分制作

SETP 9 使用 Ｔ （文本工具）键入文字，效果如图11-34所示。

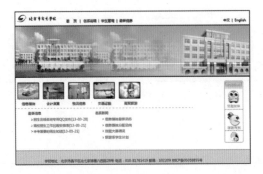

图11-34 键入文字

内容2部分制作

SETP10 ▶ 使用▢（矩形工具）绘制白色矩形，使用▨（直接选择工具）将矩形进行调整，效果如图11-35所示。

SETP11 ▶ 执行菜单中的"效果/风格化/外发光"命令，打开"外发光"对话框，其中的参数设置如图11-36所示。

◀ 图11-35 绘制并调整形状

◀ 图11-36 "外发光"对话框

SETP12 ▶ 设置完毕单击"确定"按钮，效果如图11-37所示。

SETP13 ▶ 执行菜单中的"效果/风格化/投影"命令，打开"投影"对话框，其中的参数设置如图11-38所示。

◀ 图11-37 外发光

◀ 图11-38 "投影"对话框

SETP14 ▶ 设置完毕单击"确定"按钮，效果如图11-39所示。

◀ 图11-39 添加投影

SETP15 使用 ✏（钢笔工具）绘制形状，填充灰色，如图11-40所示。

SETP16 再使用 ⬭（椭圆工具）绘制正圆，填充渐变色，效果如图11-41所示。

◀ 图11-40 绘制形状

◀ 图11-41 填充渐变

SETP17 复制对象，将其进行旋转，效果如图11-42所示。

◀ 图11-42 复制

SETP18 置入随书附带光盘中的"素材/第11章/11-5"素材，置入素材后，将素材移动到相应位置，效果如图11-43所示。

SETP19 在素材下面键入文字并绘制虚线，效果如图11-44所示。

◀ 图11-43 置入素材

◀ 图11-44 键入文字

SETP20 置入随书附带光盘中的"素材/第11章/ 花"素材，置入素材后，将素材移动到相应位置，效果如图11-45所示。

SETP21 在"透明度"面板中单击"制作蒙版"按钮，进入蒙版状态，在蒙版中绘制黑色矩形，效果如图11-46所示。

 图11-45 移入素材　　　　　　　　　　　　　 图11-46 蒙版

SETP22 至此本例制作完毕，最终效果如图11-47所示。

图11-47 最终效果

本章练习

练习

1. 收集素材制作一个娱乐网页。

2. 收集素材制作一个体育网页。

习题答案

第1章

1. D   2. A   3. D

第2章

1. B   2. C   3. C   4. C   5. D   6. B

第3章

1. A   2. D   3. A   4. B   5. C   6. A B C

第4章

1. B   2. B

第5章

1. B   2. AB   3. A